| 简明量子科技丛书 |

极寒之地

探索肉眼可见的宏观量子效应

成素梅 —— 主编

彭　鹏 —— 著

上海科学技术文献出版社
Shanghai Scientific and Technological Literature Press

图书在版编目（CIP）数据

极寒之地：探索肉眼可见的宏观量子效应/彭鹏著.
—上海：上海科学技术文献出版社，2023
（简明量子科技丛书）
ISBN 978-7-5439-8785-2

Ⅰ.①极…　Ⅱ.①彭…　Ⅲ.①量子力学
Ⅳ.①O413.1

中国国家版本馆CIP数据核字（2023）第035909号

选题策划：张　树
责任编辑：王　珺
封面设计：留白文化

极寒之地：探索肉眼可见的宏观量子效应
JIHANZHIDI: TANSUO ROUYANKEJIAN DE HONGGUAN LIANGZI XIAOYING
成素梅　主编　彭　鹏　著
出版发行：上海科学技术文献出版社
地　　址：上海市长乐路746号
邮政编码：200040
经　　销：全国新华书店
印　　刷：商务印书馆上海印刷有限公司
开　　本：720mm×1000mm　1/16
印　　张：13.25
字　　数：228 000
版　　次：2023年4月第1版　2023年4月第1次印刷
书　　号：ISBN 978-7-5439-8785-2
定　　价：78.00元
http://www.sstlp.com

总序

成素梅

　　当代量子科技由于能够被广泛应用于医疗、金融、交通、物流、制药、化工、汽车、航空、气象、食品加工等多个领域，已经成为各国在科技竞争和国家安全、军事、经济等方面处于优势地位的战略制高点。

　　量子科技的历史大致可划分为探索期（1900—1922），突破期（1923—1928），适应、发展与应用期（1929—1963），概念澄清、发展与应用期（1964—1982），以及量子技术开发期（1983—现在）等几个阶段。当前，量子科技正在进入全面崛起时代。我们今天习以为常的许多技术产品，比如激光器、核能、互联网、卫星定位导航、核磁共振、半导体、笔记本电脑、智能手机等，都与量子科技相关，量子理论还推动了宇宙学、数学、化学、生物、遗传学、计算机、信息学、密码学、人工智能等学科的发展，量子科技已经成为人类文明发展的新基石。

　　"量子"概念最早由德国物理学家普朗克提出，现在已经衍生出三种不同却又相关的含义。最初的含义是指分立和不连续，比如，能量子概念指原子辐射的能量是不连续的；第二层含义泛指基本粒子，但不是具体的某个基本粒子；第三层含义是作为形容词或前缀使用，泛指量子力学的基本原理被应用于不同领域时所导致的学科发展，比如量子化学、量子光学、量子生物学、量子密码学、量子信息学等。[①]量子理论的发展不仅为我们提供了理解原子和亚原子世界的概念框架，带来了前所未有的技术应用和经济发展，而且还扩展到思想与文化领域，导致了对人类的世界观和宇宙观的根本修正，甚至对全球政治秩序产生着深刻的影响。

　　但是，量子理论揭示的规律与我们的常识相差甚远，各种误解也借助网络的力量充斥各方，甚至出现了乱用"量子"概念而行骗的情况。为了使没有物理学基础

[①] 施郁. 揭开"量子"的神秘面纱［J］. 人民论坛·学术前沿，2021，（4）：17.

的读者能够更好地理解量子理论的基本原理和更系统地了解量子技术的发展概况，突破大众对量子科技"知其然而不知其所以然"的尴尬局面，上海科学技术文献出版社策划和组织出版了本套丛书。丛书起源于我和张树总编辑在一次学术会议上的邂逅。经过张总历时两年的精心安排以及各位专家学者的认真撰写，丛书终于以今天这样的形式与读者见面。本套丛书共由六部著作组成，其中，三部侧重于深化大众对量子理论基本原理的理解，三部侧重于普及量子技术的基础理论和技术发展概况。

《量子佯谬：没有人看时月亮还在吗》一书通过集中讲解"量子鸽笼"现象、惠勒延迟选择实验、量子擦除实验、"薛定谔猫"的思想实验、维格纳的朋友、量子杯球魔术等，引导读者深入理解量子力学的基本原理；通过介绍量子强测量和弱测量来阐述客观世界与观察者效应，回答月亮在无人看时是否存在的问题；通过描述哈代佯谬的思想实验、量子柴郡猫、量子芝诺佯谬来揭示量子测量和量子纠缠的内在本性。

《通幽洞微：量子论创立者的智慧乐章》一书立足科学史和科学哲学视域，追溯和阐述量子论的首创大师普朗克、量子论的拓展者和尖锐的批评者爱因斯坦、量子论的坚定守护者玻尔、矩阵力学的奠基者海森堡、波动力学的创建者薛定谔、确定性世界的终结者玻恩、量子本体论解释的倡导者玻姆，以及量子场论的开拓者狄拉克在构筑量子理论大厦的过程中所做出的重要科学贡献和所走过的心路历程，剖析他们在新旧观念的冲击下就量子力学基本问题展开的争论，并由此透视物理、数学与哲学之间的相互促进关系。

《万物一弦：漫漫统一路》系统地概述了至今无法得到实验证实，但却令物理学家情有独钟并依旧深耕不辍的弦论产生与发展过程、基本理论。内容涵盖对量子场论发展史的简要追溯，对引力之谜的系统揭示，对标准模型的建立、两次弦论革命、弦的运动规则、多维空间维度、对偶性、黑洞信息悖论、佩奇曲线等前沿内容的通俗阐述等。弦论诞生于20世纪60年代，不仅解决了黑洞物理、宇宙学等领域的部分问题，启发了物理学家的思维，还促进了数学在某些方面的研究和发展，是目前被物理学家公认为有可能统一万物的理论。

《极寒之地：探索肉眼可见的宏观量子效应》一书通过对爱因斯坦与玻尔之争、贝尔不等式的实验检验、实数量子力学和复数量子力学之争、量子达尔文主义等问题的阐述，揭示了物理学家在量子物理世界如何过渡到宏观经典世界这个重要问题上展开的争论与探索；通过对玻色－爱因斯坦凝聚态、超流、超导等现象的描述，阐明了在极度寒冷的环境下所呈现出的宏观量子效应，确立了微观与宏观并非泾渭分明的观点；展望了由量子效应发展起来的量子科技将会突破传统科技发展的瓶颈和赋能未来的发展前景。

《量子比特：一场改变世界观的信息革命》一书基于对"何为信息"问题的简要回答，追溯了经典信息学中对信息的处理和传递（或者说，计算和通信技术）的发展历程，剖析了当代信息科学与技术在向微观领域延伸时将会不可避免地遇到发展瓶颈的原因所在，揭示了用量子比特描述信息时所具有的独特优势，阐述了量子保密通信、量子密码、量子隐形传态等目前最为先进的量子信息技术的基本原理和发展概况。

《量子计算：智能社会的算力引擎》一书立足量子力学革命和量子信息技术革命、人工智能的发展，揭示了计算和人类社会生产力发展、思维观念变革之间的密切关系，以及当前人工智能发展的瓶颈；分析了两次量子革命对推动人类算力跃迁上新台阶的重大意义；阐释了何为量子、量子计算以及量子计算优越性等概念问题，描述了量子算法和量子计算机的物理实现及其研究进展；展望了量子计算、量子芯片等技术在量子人工智能时代的应用前景和实践价值。

概而言之，量子科技的发展，既不是时势造英雄，也不是英雄造时势，而是时势和英雄之间的相互成就。我们从侧重于如何理解量子理论的三部书中不难看出，不仅量子论的奠基者们在 20 世纪 20 年代和 30 年代所争论的一些严肃问题至今依然没有得到很好解答，而且随着发展的深入，科学家们又提出了值得深思的新问题。侧重概述量子技术发展的三部书反映出，近 30 年来，过去只是纯理论的基本原理，现在变成实践中的技术应用，这使得当代物理学家对待量子理论的态度发生了根本性变化，他们认为量子纠缠态等"量子怪物"将成为推动新技术的理论纲领，并对此展开热情的探索。由于量子科技基本原理的艰深，每本书的作者在阐述各自的主题时，为了对问题有一个清晰交代，在内容上难免有所重复，不过，这些重复恰好让读者能够从多个视域加深对量子科技的总体理解。

在本套丛书即将付梓之前，我对张树总编辑的总体策划，对各位专家作者在百忙之中的用心撰写和大力支持，对丛书责任编辑王珺的辛勤劳动，以及对"中国科协 2022 年科普中国创作出版扶持计划"的资助，表示诚挚的感谢。

2023 年 2 月 22 日于上海

引言

　　19 世纪末，以牛顿经典力学和麦克斯韦的电磁理论为代表的经典物理学体系构建了人类对于宇宙的认知。经典物理学确实是极其成功的，它可以解释宏观世界中，人类生产、生活中绝大部分物理现象，以至于当时物理学界存在一个共识，认为物理学不会再有重大的新发现，所剩下的只是一些缝缝补补的工作。不过，实际上人类看到的宏观世界的物理现象，真的是经典物理学所描述的那样吗？比如，托马斯·杨的双缝干涉实验，答案是否定的，量子力学将给我们一个完全颠覆宏观认知的解释。

　　1900 年，开尔文勋爵在英国皇家学院做了一个演讲，提出了经典物理学所无法解释的两个问题：黑体辐射和以太问题。这就是著名的"两朵乌云"。而对于这"两朵乌云"的探索，揭开了现代物理学发展的大幕。对于以太问题的研究促成了相对论的诞生，而对于黑体辐射问题的研究则诞生了量子力学，二者构成了现代物理学的大厦。量子力学为人类描绘了一个极其光怪陆离的微观世界，并且这些现象是宏观世界从未出现过的，显得和我们人类所熟知的宏观世界格格不入，以至于在量子概念提出的很长一段时间内，量子力学的建立者都在怀疑这套理论的正确性，比如薛定谔的那条半死不活的猫。不过，随着量子力学理论的进一步发展，以及越来越多的实验验证，量子力学显示出了无与伦比的力量，经受住了最为严酷的实验验证。量子力学可以认为是最为成功的理论之一，它标志着人类对于客观规律的认识从宏观世界深入到微观世界，推动了包括计算机技术、激光技术、原子能等无数前沿科技的发展。理论物理学家温伯格（S. Weinberg）在其著作《量子场论》中说道："如果发现不服从量子力学和相对论法则的系统，那则是一场灾难。"

　　虽然，量子力学久经考验，但是仍然有一个极其深刻的问题从其诞生之日起，一直困扰着所有量子物理学家。经典物理学和量子力学都是非常成功的物理学理论，但是二者却存在着水火不容的困境，以至于关于二者统一的问题始终没有停息过，这其中包括著名的爱因斯坦和玻尔关于量子力学完备性的争论。既然量子力学和经典物理学不可调和，那么自然会导致另外一个问题，微观的量子物理世界是如何过渡到宏观经典世界的。

在量子力学建立之初，玻尔认为经典的宏观装置对于测量是必需的，而测量正是导致波函数坍缩的直接原因，波函数的坍缩解释了量子系统是怎样由叠加态变为宏观世界的确定状态。然而，这样的解释却为经典世界和量子世界限定了一个尖锐的分界线，即微观世界是量子力学的适用范围，宏观世界是经典物理学的适用范围。测量导致量子世界向经典世界的转变的解释，一直以来饱受学术界的诟病，比如，爱因斯坦关于月亮的讨论，以及埃弗里特的多世界诠释等等。这就是从量子力学诞生以来，一直困扰着科学家的测量问题。为了更好地解释量子世界是如何转变为经典世界，科学家提出了量子退相干理论，并进一步提出了量子达尔文主义，认为转变过程就好像达尔文的进化论一样的选择过程。这个理论为经典物理和量子物理的统一提供了一个理论模型，并逐渐引起了许多物理学家们的注意和研究。

不过，就在大家还在为微观和宏观的界限问题争论时，科学家发现量子力学效应不仅只是微观世界的专属，还有很多宏观世界就可以展现出的宏观量子力学效应。20 世纪 20 年代，印度年轻的物理学家玻色和爱因斯坦共同预言，如果将物质的温度降得足够低，物质的所有原子将趋于能量最低的同一状态，呈现出一种宏观的量子状态，后人将其称为"玻色 – 爱因斯坦凝聚"。玻色 – 爱因斯坦凝聚态是一种非常奇特的状态，它会呈现出超流性和超导性。此外，科学家在发现了电子的干涉实验后，还在实验上观测到了更大物质的干涉实验，比如具有 60 个碳原子的足球烯。未来科学家还希望能够看到更大物质的干涉，甚至是微生物，比如病毒、水熊虫等等。因此，量子力学的适用范围并不能简单地用微观和宏观来区分，二者的界限正在随着科技的进步而模糊。

虽然，量子力学还有很多基础性问题没有定论，比如贝尔不等式的验证、复数量子力学和实数量子力学的争论等等，但是，在试图解决这些问题的过程中，一些具有先见之明的科学家，认识到量子力学的独特性将颠覆我们传统的科学技术体系。这其中最具代表的就是美国著名的物理学家费曼。1959 年，在加州理工学院举行的美国物理学会年会上，费曼作了一个题为 "There is plenty of room at the bottom"（底部有足够的空间）的主旨演讲，在演讲中说道："当我们进入极小极小的微观世界，我们将遇到很多新事物，这意味着我们将会有更多全新的设计机会。微观尺度原子会表现出和宏观事物完全不同的行为，它们满足量子力学原理。所以当进入原子层面，将遵循完全不同的原理，这样我们就可以期待来做一些不一样的事情。"在随后的 1981 年，费曼提出了最早的量子计算的概念，量子信息技术的发展就此开端。

在信息时代，信息超越物质成为人类最为宝贵的资源，然而人类传统的基于经典物理学发展起来的信息技术已经不能满足人类在信息获取、传输以及处理三个方面的需求，科技发展遭遇三大技术困境：算力提升瓶颈、信息安全瓶颈和测量精度的瓶颈。第一次量子革命使人类认识了微观世界物质的运行规律，实现了量子科技的浅层次应用。第二次量子革命则将以量子信息技术为代表，在更深层次上推动技术的变革，并将最终实现经典技术向量子技术的跨越，彻底颠覆经典的技术体系。基于微观量子效应而建立起来的宏观仪器，将为破解传统经典技术发展瓶颈提供解决方案，并将引领新一轮科技革命。

实际上，双缝干涉实验、黑体辐射问题、原子的光谱等等，这些都是我们肉眼可见的一些宏观世界的现象。在经典物理时代，我们对这些现象的认识是片面的，但是随着量子力学的发展，人类对于这些用经典物理理论所无法解释的问题才有了更加正确的认识。不过，在量子力学建立早期，其适用性一直被局限在微观层面，以至于薛定谔要用他的那只半死不活的猫来验证量子理论的"荒谬性"。然而，随着科学技术的继续发展，我们发现一些奇特的量子力学效应出现在宏观层面。半死不活的猫，可能就在我们身边。因此，宏观和微观并不是区分量子力学适用范围的标准，量子力学还将在更广阔的范围内发挥更大的作用。

在量子力学的发展过程中，人类的认知观念经历了由宏观传统观念向微观非因果律观念的转变。然而，就在人类简单地用微观和宏观来区分量子力学的适用范围的时候，宏观事物的量子力学效应又进入了我们的视野。更多的实验发现表明并不能简单地利用微观和宏观来区分量子力学适用的范围。但是，微观量子力学世界是如何过渡到我们日常体验的宏观世界的呢？这个问题始终是量子力学基础理论研究的重要课题。

因此，本书将通过经典力学和量子力学的争论、宏观认知和量子诠释的碰撞、宏观量子效应的探索以及突破传统科技发展瓶颈的量子科技等内容的梳理，试图将学术界对于微观和宏观问题的探索真实地还原出来，以飨读者。

目录

· Contents ·

眼见不为实的微观世界

YANJIAN BUWEISHI DE WEIGUAN SHIJIE

20 世纪初，量子力学和相对论的诞生极大地推进了人类文明进程。量子力学为人类描绘了一个奇异的微观世界，相对论则为人类描述了一个广袤无垠的宏观宇宙，人类认知水平也随之达到了一个前所未有的高度。微观量子世界的运行规律和宏观世界的运行规律是那么的不协调，因此，量子力学的建立经历了一个漫长而复杂的过程，关于量子力学的争论至今还没有结论，以至于一些科学家在谈到量子力学的时候，都是不约而同地表达了同一个观点：没有人真正懂量子力学。量子理论的创始人之一玻尔（Niels Bohr）谈到量子力学时说："如果谁不为量子论而感到困惑，那他就是没有理解量子论。"美国著名的物理学家费曼（Richard Feynman）则表示："我想我可以有把握地讲，没有人懂量子力学！"因此，当我们对微观量子世界中的一些奇怪的效应感到困惑时，是非常正常的。在了解量子力学的一些相关概念的时候，我们只需要了解它们是什么，而对于世界为什么会有这样的怪异的运行规律，则还需要我们花费更长的时间去探索和认识。

一、光是波还是粒子

牛顿将天体的运行规律和地面上物体的运动规律统一起来，建立了经典的力学体系，我们日常宏观世界的运行规律都可以很好地运用牛顿的万有引力定律和三大运动定律来描述。同时，麦克斯韦建立的经典电磁理论则很好地将电、磁以及光统一了起来，揭示了电磁相互作用的统一性，预言了电磁波。基于上述理论的成功，19 世纪末，在当时的物理学家看来，物理学已经发展到高度成熟的地步，所有物理现象似乎都能够从以经典力学、经典电磁学、经典统计力学为基础构建起来的经典物理学大厦中获得合理的解释。因此，1900 年，英国物理学家开尔文在英国皇

◎麦克斯韦和他的方程组　　　　　　◎牛顿和他的经典力学

家学会发表了题为"在热和光动力学理论上空的 19 世纪的乌云"的著名演讲，他认为物理学大厦岿然屹立，所剩只是些修修补补的工作。在对未来物理学前景展望时，他指出，美中不足的是晴朗的物理学天空存在两朵乌云：一是迈克尔逊 – 莫雷实验证明光在不同参考系下速度恒定不变；二是黑体辐射实验所获得的物体热辐射的能量密度曲线。这两个问题，本质上都与电磁波（光的本质是电磁波）相关，只是涉及了电磁波的不同侧面的属性。我们的故事则要从人类对于光的认识讲起。

光是万事万物运转最根本的能量来源，有了光才有了万物生长，才有了我们现在生机勃勃的生态系统，同时，我们也借助光认识了五彩斑斓的世界，因此，自古以来人类对于光就推崇备至。在所有创世记神话中，都将最初的世界描述为一片黑暗与混沌，而光在其中则扮演了开天辟地的角色，成为新世界产生的第一要素。《圣经》中的描述为"神说要有光，于是便有了光"；中国古代神话传说中，盘古开天辟地，形成了天和地，也产生了光。然而，光的本质到底是什么？这个问题一直困扰着人类。从古希腊开始，人类就开始讨论光到底是什么，并逐渐形成了两派：波动派和粒子派。

◎亚里士多德

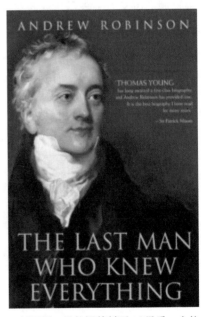

◎托马斯·杨传记的封面：《最后一个什么都懂的人》

波动派的典型代表是亚里士多德、托马斯·杨、麦克斯韦等等。最早的波动学说来自古希腊哲学家亚里士多德，他认为光可以和声音的传播类比，声音的传播靠的是传播介质的振动，那么光也一样，是靠一种叫作"以太"介质的振动来传播的。亚里士多德是我们最为熟知的一位古希腊哲学家，他是柏拉图的学生，亚历山大大帝的老师，其研究内容涉及物理学、生物学、经济学、政治学等多个学科，其在物理学领域的影响力，直到牛顿时代才褪去。英国科学家托马斯·杨则设计了著名的光的双缝干涉实验，观察到了明暗相间的干涉条纹。正如在水中传播的两个水波一样，波峰和波峰相遇振动幅度就会加强，形成亮条纹，而波峰和波谷相遇的区域波动的振幅则会相互抵消，从而形成暗条纹。这样具有明显的波动性质的现象非常直观地说明了光的波动特性，这一实验也被称作"最美物理实验之一"。托马斯·杨也是一位通才科学家，他不仅在物理学领域贡献突出，还在医学、语言学、动物学、数学等多个领域做出了杰出的贡献。因此，英国作家安德鲁·约翰逊在 2007 年出版的托马斯·杨传记的书名非常直接地叫作《最后一个什么都懂的人》。[1] 当然，双缝干涉实验的美不仅仅在于其展示了光的波动性，还在于其揭示了波动性中所蕴含的深刻的量子力学内涵。美国著名的物理学家费曼在其经典著作《费曼物理学讲义》中表示，双缝实验所展示出的量子现象不可能、绝对不可能以任何经典方式来解释，它包含了量子力学的核心思想。事实上，它包含了量子力学唯一的奥秘。通过双缝实验，可以观察到量子世界的奥秘。本节稍后还将运用量子力学的理论对双缝干涉实验作进一步解释。

 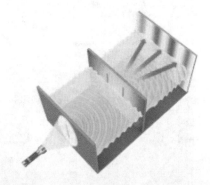

◎水波的干涉条纹和双缝干涉实验

[1] Andrew Robinson, The Last Man Who Knew Everything: Thomas Young (the Anonymous Polymath Who Proved Newton Wrong, Explained How We See, Cured the Sick and Deciphered the Rosetta Stone), New York: Pi Press, 2005; Oxford: Oneworld Publications, 2006.

另一位波动派的重要贡献者是英国数学物理学家詹姆斯·麦克斯韦（James Maxwell），他建立了著名的麦克斯韦方程组，将电和磁进行了统一的描述，实现了继牛顿（实现了力的统一）以后对物理学的又一次统一。他还预言了电和磁以电磁波的形式在空中传播，计算得出电磁波的速度为光速，并且不依赖于参考系，从本质上揭示了光是电磁波的本质，当然也说明光是一种波。麦克斯韦的成果对物理学进一步发展影响巨大，特别是为随后建立的相对论和量子力学奠定了坚实的理论基础。因为，狭义相对论的建立离不开光速不变原理，而量子力学的建立则依赖于对于光的波动性和粒子性的研究。因此，在麦克斯韦百年诞辰的时候，爱因斯坦曾称赞麦克斯韦对于物理学的贡献做出了"自牛顿以来最深刻、最有成效的变革"。①

德谟克利特

伍尔索普庄园

粒子派的典型代表是德谟克利特、牛顿等人。古希腊哲学家德谟克利特认为光是太阳表面脱落的原子。德谟克利特最早提出了原子论的学说，也就是认为我们周围的事物都是由原子构成的，而原子组成物质最小的不可分割的单位，这也是他认为光是一种粒子的思想来源。牛顿则设计了著名的分光实验。1665 年，23 岁的牛顿从剑桥大学的三一学院毕业，本来是要继续攻读硕士的，但是由于当时伦敦暴发

① 阿尔伯特·爱因斯坦. 许良英，等译. 爱因斯坦文集第一卷［M］. 北京：商务印书馆.

了鼠疫，几个月的时间，伦敦人口骤降十分之一，三一学院也于8月关闭。为了躲避瘟疫，牛顿回到了他的出生地伍尔索普庄园，虽然在1666年3月，他曾短暂回到剑桥大学，但是由于疫情的反复，他又于6月返回了家乡，直到1667年7月才重返剑桥大学。在家乡的这1年半的时间，是牛顿最富创造力的一段时间，正是在此期间，牛顿受院子里掉落的苹果的启发，提出万有引力定律，成就了科学史上的一段佳话。

◎牛顿在做分光实验

◎牛顿的著作《光学》

也正是在此期间，牛顿自己制作了一个三棱镜，在一个开有小孔的漆黑房间里，进行了分光实验。当白色的阳光从小孔射入房间，穿过三棱镜后，照射到了对面的墙上，牛顿发现白色的太阳光就像彩虹一样分成了依次排列的红、橙、黄、绿、青、蓝、紫七种颜色的光束。牛顿由此实验认为，太阳光通过三棱镜之后，之所以能够分成多种不同颜色的光，是因为不同颜色微粒分开的结果，这一实验也被评为"物理最美的实验之一"。最终，牛顿将光学相关的研究成果集合在他的著作《光学》一书中，书中详述了光的粒子论。此外，在这段时间，牛顿还发明了微积分，为了克服折射望远镜会带来光的色散的问题，发明了最早的反射望远镜，为大型望远镜的发展奠定了基础。由于牛顿在这段时间的高产，因此，1666年在科学史上也被称作"奇迹年"。

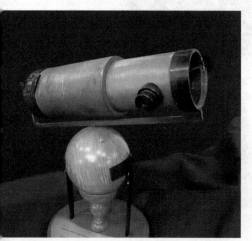
◎牛顿反射式望远镜的复制品

　　在新物理学诞生之前，波动派和粒子派进行了旷日持久的争论，最终波动派凭借双缝干涉实验和电磁理论占据了绝对的上风。然而，微粒派并没有就此消沉下去，而是带着新的学说以摧枯拉朽之势，冲破经典牛顿物理学的禁锢，为整个物理学带来了一场翻天覆地的变革。

二、量子概念的缘起

　　到了 19 世纪末，种种迹象均表明，光就是一种波，然而实际上，上文人类对于光的认识只是序幕，关于光的大幕才刚刚拉开。20 世纪初，就在物理学家们沉浸于经典物理学的辉煌的同时，物理学晴朗的天空中的两朵乌云却始终萦绕在物理学家心头，显得那么不和谐，这两朵乌云分别是黑体辐射问题和迈克尔逊－莫雷实验所证明的光速并不依赖于参考系的选择。正是这两朵乌云拉开了现代物理学发展的序幕，量子概念源于黑体辐射的研究，狭义相对论的基础则是光速不变原理。

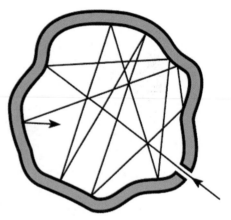

一种人为设计的黑体，当电磁辐射通过小孔进入内部后，不断在内部反射，最终全被吸收

　　1862 年，德国物理学家古斯塔夫·基尔霍夫（Gustav Kirchhoff）最早提出了"黑体"的概念。所谓"黑体"，就是可以将照射到其表面的所有电磁辐射全部吸收而不会反射和投射的物体。我们知道一切高于绝对零度的物体都会不停地向周围空间发出热辐射，这种热辐射实际上就是电磁辐射。因此，虽然黑体会吸收所有电磁辐射，但是黑体本身也会不断向外发出热辐射。黑体的概念和宇宙中的黑洞很类似，黑洞会将任何物质和电磁波吸收，并且不会反射出来，同时，黑洞也有类似黑体的热辐射，那就是英国理论物理学家斯蒂芬·霍金（Stephen Hawking）预言的"霍金辐射"。这里需要说明的是，黑体只是一种理想化的事物，现实中并不存在这样完美的黑体，总会存在或多或少的反射或者投射。

　　基尔霍夫对于黑体进行了深入的研究，并留下了一个悬而未决的难题，那就是如何解释黑体辐射能量密度曲线。随着黑体温度的升高，辐射光谱的能量密度的峰

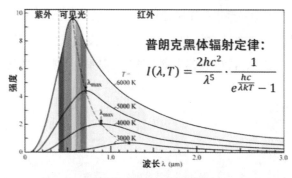
◎不同温度物体的热辐射谱线

普朗克黑体辐射定律：
$$I(\lambda, T) = \frac{2hc^2}{\lambda^5} \cdot \frac{1}{e^{\frac{hc}{\lambda kT}} - 1}$$

值点会向高频段移动，进一步的研究表明辐射的光谱特征只与黑体的温度有关，与黑体的形状、大小、材质等没关系。如图所示展示了不同温度物体其热辐射的光谱曲线。太阳的表面的温度大约为5778开尔文，就像图中曲线展现出的那样，温度为6000开尔文的物体辐射的电磁波的峰值在可见光区域，所以才会有地球的昼夜交替。并且随着温度的变化，我们发现光谱的峰值区域会随着温度的降低而向长波长的红外区域移动。我们日常周围的物体，温度一般为几百开尔文，所以其热辐射主

◎红外测温仪探测到的人体温度

要集中于红外辐射区域，包括我们人体本身。

由于人体会不断地向周围环境发射红外辐射，利用这一点，我们就可以利用红外夜视仪在完全黑暗的环境中看到人体或者其他恒温动物。由于温度的不同会造成辐射谱的不同，根据这个原理，可以通过探测人体向外发射的热辐射谱线，从而准

◎燃烧的篝火

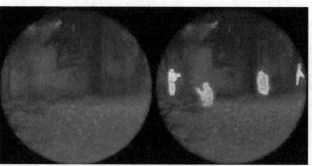
◎夜视仪中看到的人体

确地获取人体的表面温度，这就是红外测温仪的工作原理。我们在日常生活中也经常会见到一些相关的现象，比如，平常我们点的篝火，在柴火的中心温度最高，火焰呈浅黄色，再往外随着温度的降低，依次呈现橘色和红色。

然而，就是这样一个我们日常生活中常见的现象，对于它的理论解释在 19 世纪却遭遇到了极大的困难。英国物理学家瑞利、金斯以及德国物理学家维恩根据经典的物理

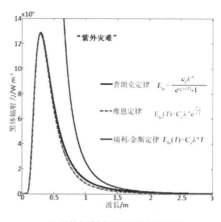

◎黑体辐射实验和理论对比图

学理论分别得到瑞利－金斯公式和维恩公式。然而，这两个公式却无法和实验曲线匹配。瑞利－金斯公式在波长趋于 0 的波段，辐射强度会趋于无穷大，导致"紫外灾难"，实际上实验曲线应该是随着波长变小辐射强度会趋于 0；而维恩公式则在长波段区域与实验数据不符。上述两个公式均是从经典物理学理论出发而建立，因此这两个公式始终没有脱离经典物理学的窠臼。看来想要消除这朵"乌云"，经典物理学体系已经无能为力，想要解释黑体辐射必须跳出经典物理学的条条框框。

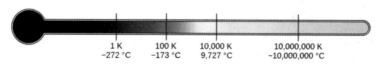

◎不同温度的物体所发出的辐射中最强烈部分的波长

1900 年 12 月 14 日，德国著名的物理学家马克斯·普朗克（Max Planck）提出了石破天惊的普朗克公式，不仅圆满地解释了黑体辐射的现象，更是揭示了自然界中最为隐秘的运行规律，开启了近现代物理学研究的序幕。在 1877—1878 年期间，普朗克在柏林大学学习，并且结识了时任理论物理系主任的基尔霍夫以及著名物理学家赫尔曼·亥姆霍兹（Hermann Helmholtz），受二人的影响，热力学成为普朗克的主要研究领域，并且从 1894 年开始，普朗克全身心投入黑体辐射问题的研究。普朗克公式的建立基于一个颠覆传统观念的大胆的假设，普朗克认为电磁辐射的能量传播是不连续的，而是一份一份地传播，每份能量的大小正比于

辐射电磁波的频率 v，并且导入了一个常数的量"h"（后来被称作"普朗克常数常量"），每份能量叫作"能量子"，大小等于 hv。量子的概念就这样诞生了。通过这样一个非常规的假设，普朗克提出了与黑体辐射能量密度曲线完美符合的普朗克公式。

　　然而，就是这样一个和实验完美符合的公式，实际上只是一个经验性的公式。由于其建立的基础是一个违背常识的假设，并且与经典物理学格格不入，因此，最初很难受到学术界的认可，就连普朗克本人起初也是持怀疑态度的。普朗克曾说："纵使是人们承认了这个公式的绝对准确性与适用性，这个公式依然只具有一个形式上的意义，因为人们只是将它看作是一条幸运猜中了的规律而已。"因此，普朗克在提出量子的概念以后，为了找到公式的实际意义，花费了很长时间去试图将这一理论归入经典物理学的范畴，他曾说："从我将这个公式提出那天起，我就从事研究，设法给这个公式加上一个实际的物理意义，这就是我的任务。"其他科学家，包括爱因斯坦在内，也同样试图解决推导过程中经典与量子水火不容的困境，尝试了很多不同的推导方法，然而经过多年的努力，始终无法摆脱经典物理学的束缚。因此，最终普朗克只能无奈地表示："我的那些试图将普朗克常数归入经典理论的尝试是徒劳的，却花费了我多年的时间和精力。"虽然量子力学最初的建立过程充满了坎坷，但是在随后科学技术的发展过程中，量子力学经受住了重重考验，可以说是到目前为止最为成功的理论。量子力学是我们世界最为根本的运行规律，如果还是按照常规的思路去看待微观世界的现象，显然是无法成功的。

© 1878 年学生时代的普朗克

© 马克斯·普朗克学会的标志——弥涅耳瓦

　　虽然，量子概念最初被提出的时候，并不被学界所看好，但是很快量子的概念将在很多经典物理学无法解释的现象上大放异彩，比如光电效应、氢原子的光谱问题等等，这些问题都将以量子的形式给予完美的解释。量子力学才是真正主宰世界的运行规律。普朗克是量子力学的开创者，由于其开创性的贡献，普朗克获得了 1918 年度的诺贝尔物理学奖。为了纪念普朗克，1947 年，原来的德国威廉皇帝学会更名为"马克斯·普朗克学会"，该协会下辖超过 80 个科学研究机构，截至 2021 年，共有 37 名研究人员获得了诺贝尔奖，协会的标志为罗马神话中的智慧女神弥涅耳瓦。

　　至于普朗克公式的物理意义问题，后来将由一个年轻的印度物理学家解决，后文将详细介绍，本章我们将沿着量子这一概念，继续延伸。

三、量子概念的初步成功

◎赫兹

　　就在物理学家们还在对于量子概念模棱两可、不知所措的时候，爱因斯坦凭借其敏锐的眼光认识到量子的概念可以用于解释光电效应，他借用能量子的概念，认为光的传播就像能量传播一样，以一份一份的形式传播，这样就提出了光量子的概念，光的微粒说再一次回归。

　　光电效应是指当光照射到某物质上而产生的光电流的效应，也就是当光照射时，电子脱离原子核的束缚成为自由电子。1887 年，德国物理学家海因里希·赫兹（Heinrich Hertz）为了验证麦克斯韦预言的电磁波，意外发现了光电效应。如图所示为赫兹的实验装置，电磁波发生装置由两个金属电极组成，每一个极都是由一个金属小球通过金属杆连接着一个大金属球。小金属球之间间隔一小段距离，通电后，当两个金属小球之间的电压达到足够大的时候，小金属球之间的空气就会被电离而产生放电现象，从而产生电火花，这和阴雨天的打雷闪电是同一个道理。就在小金属球之间产生电火花的同时，分隔一段距离的接收环上的两个金属

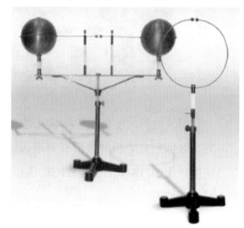

实验装置，左边的装置为电磁波发生装置，右边的圆环为电磁波接收装置

小球之间也会观察到电火花，这就说明发射装置产生电火花的同时，电磁波也随之产生了，并且传播到了接收环上。

更进一步赫兹还测出了电磁波的传播速度为光速。在进行实验时，为了能够更加清楚地观察电火花，赫兹将接收器用暗箱罩住，但是适得其反，赫兹发现暗箱罩住后，电火花变弱了。于是赫兹尝试了更多不同的实验设置来观察实验现象的变化，包括用不同波长的光照射、在电极之间插入不同的材质金属板等，最终赫兹发现，电火花的变化并不是由可见光引起的，只有当紫外线照射时，电火花才会明显变强，这一现象说明紫外线增强了两个金属小球之间的放电现象。赫兹将他的实验发现发表在了 1887 年的《物理学年鉴》上，题目为"论紫外线对放电的影响"，该文引起了学术界的广泛关注，不过赫兹当时并不了解这一实验现象的奥秘。这就是最早对光电效应的研究，不过赫兹随后并没有进一步对光电效应进行研究。正是因为赫兹对于电磁学研究的巨大贡献，我们将频率单位以其名字来命名。

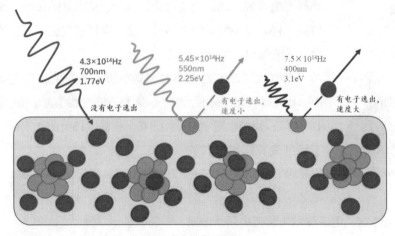

©光电效应示意图

赫兹之后，还有很多科学家对于光电效应现象进行了研究，其中最为卓有成效的当数因研究阴极射线而获得诺贝尔奖的菲利普·莱纳德（Philipp Lenard）。莱纳德曾于 1892 年担任赫兹的助手。他通过一系列实验发现，光电效应有两个非常显著的特点：

1. 光的频率必须大于某一特定的临界频率 v 时，才会有自由电子逸出，否则不论光的照射强度多强或者照射多长时间都不会产生自由电子。打个比方，我们知道红光的频率要比绿光的频率低，所以如果临界频率 v 是正好在红光频率和绿光频率之间时，那么只要使用的是红光，不论你拿几个红色光的灯泡去照射金属板，或者不论用红光照射多长时间，都不会产生自由电子。而如果一旦使用绿光，则不论如何照射，都会有自由电子产生。

2. 自由电子在脱离金属板以后电子的速度与照射光的频率有关，同样和照射光的强度和时间无关。就像图中展示的那样，由于紫光的频率要大于绿光，所以紫光照射以后逸出自由电子的速度要大于绿光照射后逸出自由电子的速度。

1905 年，这一年被称作"奇迹年"，是因为爱因斯坦在这一年提出了狭义相对论，解释了布朗运动的原理，提出了著名的质能方程，还有一项极其重要的成果就是用光量子解释了光电效应。爱因斯坦认为光在传播的时候，同样是一份一份地传播，并不是无限可分地连续传播，并且每一份能量的大小等于普朗克常数和频率的乘积 $h\nu$。因此，光子的能量决定于光的频率，这样，单个紫光光子的能量就会高于绿光光子，并高于红光光子。这样就能很好地解释光电效应所表现出的特征，因为电子只有吸收足够大频率的光子，才能保证电子具备克服原子核对其束缚的能量，从而脱离原子，形成自由电子。并且，由于紫光光子能量较高，照射逸出的电子速度也会较大。1916 年，美国物理学家罗伯特·密立根（Robert Millikan）进行了精确的测量实验，精确测定了普朗克值，验证了爱因斯坦理论的正确性。1921 年，爱因斯坦凭借解释光电效应而获得了当年的诺贝尔物理学奖。实际上，爱因斯坦最大的贡献在于他创立了相对论，不过相对论中一些重要的预言，直到最近才被观察到，比如引力波，直到2016年才被美国的激光干涉引力波天文台（LIGO）探测到。

至此，我们对于光的认识又更进了一步，"光的本质是电磁波"的观念逐渐被人们所接受。如图所示，可见光只是电磁波谱中波长在 400~700nm 中的一段，更

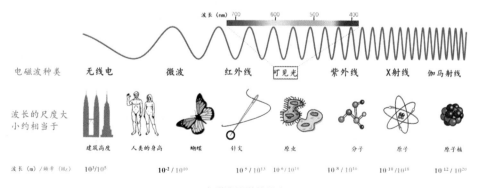

电磁波波谱的尺度

长的波长可以到红外线、微波乃至波长达到宏观尺度的无线电波。无线电波由于波长足够长，使得其衍射能力更强，在传播过程中可以绕过更大的物体，因此，用于通信的波段会选择无线电波。相反，在波长较短的波段，如紫外线、X 射线乃至伽马射线等，由于波长较短，导致频率很高，那么这些频段的能量就具备了较大的穿透能力，比如，紫外线可以杀菌、X 射线可以进行人体成像等等，都是利用其穿透能力。

当然，虽然光是电磁波，但是光电效应的光量子解释，说明光还具有粒子性的一面。因此，只用波动性或者只用粒子性都不足以描述光，波粒二象性才是对光的最好描述，在随后量子力学的进一步发展中，这一特性将进一步得到验证。

当原子的概念最早被古希腊唯物主义哲学家德谟克利特提出时，原子被认为是万事万物不可再分割的最小结构。随着人类科学技术进步和对自然认识的进一步加深，特别是电子、X 射线以及放射性衰变的发现，我们逐渐认识到原子内部还有更深层次的结构。

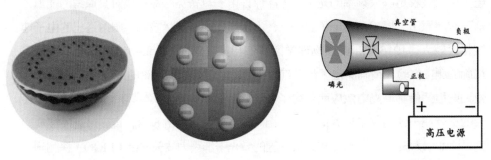

©汤姆孙的原子西瓜模型　　　　　　　©阴极射线装置

1897 年，英国物理学家约瑟夫·汤姆孙（Joseph Thomson）在进行阴极射线研究时，计算出了阴极射线是一种比氢原子轻 1000 倍的粒子（实际上就是电子，但是当时还不清楚）。如图所示为阴极射线实验装置，主要由三部分组成。真空管两端装有两个电极——阳极和阴极，当阴极被加热时，会有电子从阴极发出，由于阳极的吸引作用，就会产生阴极射线，如果阳极上的玻璃板上装有磷光物质，那么电子打上去就会产生磷光。汤姆孙进一步研究还发现，不论阴极采用哪种物质，所产生的阴极射线质量都一样，这说明阴极射线所含的带负电的粒子是物质中普遍存在的一种物质。汤姆孙最终将这种粒子称作"corpuscles"，后来学术界才逐渐使用"electron"（电子）一词。电子的发现表明，原子并不是像我们原来想象的那样，是最小的物质组成单元，它还包括更小的、更基本的结构。因此，

1904 年，汤姆孙提出了一种包含电子的原子结构模型。最初的原子模型类似于西瓜，带负电的电子就像西瓜中的瓜子一样，镶嵌在原子中，由于电子带负电，而原子整体是电中性，因此，原子的整个瓜瓤带正电。

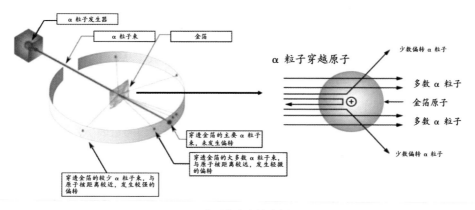

⚛ α 粒子轰击金箔示意图

　　汤姆孙的原子结构是一种实心结构，这样的结构很快就被英国物理学家欧内斯特·卢瑟福（Ernest Rutherford）的一个著名的 α 散射实验（也被称作"卢瑟福散射实验"）所推翻。1909 年，在卢瑟福的指导下，约翰尼斯·盖革（Johannes Geiger）和欧内斯特·马斯登（Ernest Marsden）用 α 粒子（由两个质子和两个中子组成，不含电子，相当于氦原子核，一般可以通过大原子量的放射性元素的 α 衰变而获得）来轰击非常薄的一层金属箔纸。金属箔纸可以近似地认为是单层原子。

　　实验结果发现，绝大部分 α 粒子可以基本没有偏转地穿过金属箔纸，只有很少一部分 α 粒子发生较大的偏转，比例大约是 8000∶1。卢瑟福看到这一结果表现得极为诧异，并感叹道："这是我生命中发生的最不可思议的事件……就像你向一

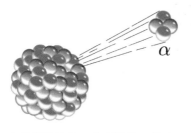

⚛ 放射性元素 α 衰变释放 α 粒子，
红色为质子，蓝色为中子

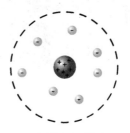

⚛ 卢瑟福原子模型

张薄纸发射了一枚 15 英寸的炮弹，它会回来击中你一样不可思议。"[1] 基于上述的实验结果，1911 年，卢瑟福提出了核式模型，即原子内部由原子核和电子组成。原子核很小，但是集中了原子的大部分质量，并且带正电，电子则带负电围绕原子核旋转。这样的模型后来也被称作"行星模型"，如果把整个原子看作太阳系，原子核就像太阳，而电子就像行星一样围绕着原子核旋转。

后来通过物理学家更加精密的测量发现，原子核的尺寸大概为 10^{-15} 米，而原子的尺寸为 10^{-10} 米，也就是说原子核和原子在尺寸上相差 5 个数量级，直径大概只有原子直径的万分之一。如果把原子比作地球那么大，那么原子核可能只有一个足球场那么大，而电子则只有一个足球这么大。不过原子核虽然很小，但是原子核集中了原子质量的 99.9% 以上。这样的模型就能很好地解释卢瑟福散射实验为什么会有那样的实验结果。前文提到，汤姆孙通过实验测定，电子的质量仅是氢原子的千分之一，因此，电子质量相较于 α 粒子来说非常微小，这样电子对于 α 粒子的影响几乎可以忽略不计，我们只需考虑原子核对于 α 粒子的影响。由于原子核尺度相较于原子尺度极其微小，因此，实际上原子内部的空间极其空旷，这样当 α 粒子穿越原子的时候，大部分都离原子核较远，原子核并不会对其产生较大的影响，这就是为什么大部分 α 粒子在穿过金属箔纸以后，不会有太大的偏转角度，仅有极少数的 α 粒子由于离核较近，同性相斥，导致产生较大的偏转角度。

卢瑟福的原子理论被公认为物理学历史上的一个里程碑。虽然卢瑟福模型并不完美，但是这一模型至今仍然是很多人心中原子的标准样式。不过，卢瑟福模型作为散射理论是成功的，因为，卢瑟福模型可以很好地解释 α 散射实验，但是，实际上这样的实验对于卢瑟福

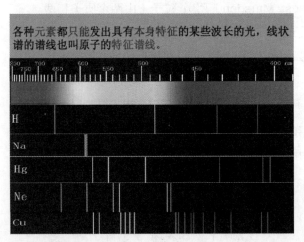

各种元素都只能发出具有本身特征的某些波长的光，线状谱的谱线也叫原子的特征谱线。

©原子的特征光谱

---

[1] Kragh, Helge. Quantum Generations: A History of Physics in the Twentieth Century Reprint. Princeton University Press. 2002.51-53.

模型的支持是有限且间接的。

如果将卢瑟福模型作为原子理论，却是糟糕的，因为卢瑟福模型无法解释很多问题。首先，卢瑟福模型并不是稳定的原子结构，按照经典理论，带负电的电子在绕着带正电的原子核作圆周运动时，会不断释放电磁辐射，导致电子能量不断减少，最终落入原子核，很显然现实也并不是这样的；其次，在实验上观察到的原子光谱，并不是连续的光谱线，每种原子都只能发出特定波长的光，并且不同波长的光线之间是分立的，原子的这种光谱也被称作"特征光谱"。如果原子内部确实像行星绕恒星那样运转，这样电子轨道就可以连续变化，这就意味着原子可以发射或者吸收连续的光谱，这和实际现象是相悖的。如图所示。

1885 年，瑞士的数学教师约翰·巴尔末（Johann Balmer）试图用数学解释原子的光谱问题，提出了一个经验公式：$\lambda = B \dfrac{n^2}{n^2 - 4}$，用于解释原子光谱。公式中 λ 是原子发射光谱的波长，B 为常数，$n=3,4,5$ 等的整数。虽然，这一公式可以通过改变整数 n 来拟合氢原子的谱线，但是该公式和普朗克公式类似，同样是一个经验公式，巴尔末并不了解这一公式背后深刻的内涵和物理意义。那么，电子在原子核外到底是以怎样的一种形式在运转呢？通过分析巴尔末公式也能窥探一二，公式中的 n 只能取整数，而不能取其他中间数值，这体现了"分立"的思想。原子的特征光谱的一个显著特征是"分立"，电磁辐射能量同样也是一份一份地传播，而不是可以无限可分，这是量子概念的核心。很

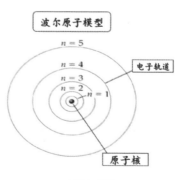

快，物理学家将把量子分立的概念在原子结构模型建立上运用得淋漓尽致。

1913 年，丹麦物理学家

◎玻尔模型

玻尔

尼尔斯·玻尔（Niels Bohr）在著名期刊《哲学杂志》（该杂志是最古老的英文科学期刊之一，创立于1798 年）上发表了著名的"三部曲"论文，三篇文章论述了玻尔新的原子模型——玻尔模型。玻尔从巴尔末的公式中获得灵感，同时借鉴普朗克能量子理论的思想，提出了一种量子化的原子模型。

通过普朗克、爱因斯坦等对于能量子、光量子的研究（实际上均属电磁波），"电磁波的传播就像粒子一样，是一份一份地传播"的观念逐渐深入人心。因此，玻尔认为原子也只能是一份一份地吸收和发射电磁波，那么这就要求原子必须也有相应的结构。因此，玻尔第一次引入了定态轨道的原子模型理论，认为原子核外的电子只能在不连续的固定圆形轨道上运动，而不能处在两个轨道之间的任一位置，就好像我们在爬楼梯的时候，只能停留在每个台阶之上，而不能停留在两个台阶之间。人在爬楼梯的时候，人体的内能转化成了人的重力势能，在不同的台阶具有不同的重力势能，台阶越高所具有的重力势能也越大。对于电子来说，其处在不同轨道就类似于人处在不同的台阶上，在不同的轨道上，电子所具有的能量是不同的，在离原子核越远的轨道上，电子能量越大。因此，也可以将电子轨道称作"能级"，能量最低的能级称作"基态"，高于基态的能级称作"激发态"。

电子在不同能级之间跃迁，其能量的减少和增加就会伴随着光子的放出或吸收，而每一个光子的能量 E 恰好等于两个能级 m 和 n 之间的能量差 $W_m - W_n$，也就决定了吸收或者发射的光子的频率：$E = h\nu = W_m - W_n$。巴尔末关于氢原子的谱线公式中的整数 n，正是玻尔原子模型分立轨道的体现。玻尔模型不仅成功地解释了氢原子的谱线，还能精确推算出巴尔末公式中常数 B 的值，并且还预测了新谱线。在此基础上，量子力学定义了主量子数 n，用来表示电子的不同的分立轨道，n 只能取 0，1，2…n 整数，数目越大代表电子轨道半径越大，能量也越大。这一层级的能级差别主要是由电子和原子核库伦相互作用引起的。

玻尔的原子模型再一次证明了量子概念的力量，更重要的是量子理念终于开始被广大科学家所接受，为量子力学的进一步发展铺平了道路，玻尔也因为首次将分立的量子概念应用到解释原子结构而获得了 1922 年的诺贝尔物理学奖。虽然玻尔的模型能够很好地解释像氢原子这样只有一个电子的简单原子的情况，但是对于再复杂一些的原子以及更为复杂的光谱问题就显得力不从心了。因为玻尔的原子模型还是太过简略，实际上原子的轨道还有更加复杂的机制和结构等待物理学家去揭示。

四、原子内部到底是什么样的

物理学家继续探究原子内部的奥秘。1916 年，德国物理学家阿诺德·索末菲（Arnold Sommerfeld）在玻尔模型基础上提出了索末菲原子模型，他认为电子的轨道并不是正圆形的轨道，而是椭圆形轨道，同时还引入了另外一个量子数：角量子数。除了主量子数定义了电子轨道半径的大小外，在同一个轨道上电子的轨道还可以有不同的形状，不同的形状在量子力学中用角量子数 l 来定义，$l=0,1,\cdots n-1$，总共可以取 n 个值，n 为主量子数。电子轨道的形状在化学键的建立过程中扮演了重要的角色。

在经典物理学中，动量定义为运动物体质量和速度的乘积，表示物体在运动方向上保持运动的趋势，也就是说动量越大，想要改变该运动状态就越难。在知道动量的物理意义后，这里还要引入另外一种运动的动量，因为，除了直线运动以外，还有一种更为普遍的运动状态就是旋转运动，物理学上用角动量来描述旋转物体运动的动量，表示物体维持当前旋转运动的趋势。那么，想要电子保持其运动状态的趋势时，就需要引入角动量 L。举个简单的例子，地球绕太阳旋转的角动量大小等于地球动量乘以地球绕太阳旋转的半径。区别于宏观世界可以取任意值角动量，电子绕核运转的角动量大小和方向同样是量子化的分立状态。角动量的大小用角量子数区分，对于同一个 l，角动量的空间方向可以有 $2l+1$ 种取向。如图所示，索末菲模型相交于玻尔模型，电子的轨道在形状和方向上均有自由度，不过都只能有几个固定的分立取值。此外，索末菲还首先提出了自旋量子数，稍后介绍。虽然，索末菲在原子物理发展方面做出了一系列奠基性贡献，其本人一生获得多次诺贝尔奖提名，但最终都没能获得诺贝尔奖，不过却是教导过最多诺贝尔物理学奖得主的

◎索末菲

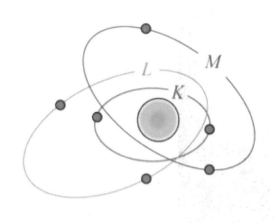

◎索末菲模型

人。他的学生个个都大名鼎鼎，比如，海森堡、泡利、拉比等等，这些学生稍后均会出场。

角量子数表明在同一个主量子数 n 一定的情况下，电子角动量的不同会导致轨道呈现出不同形状，实际上这样不同的形状在磁场作用下，还会导致更加精细的能级分裂，就好比在楼梯的两个台阶之间再插入几个新的台阶，这一现象最早由荷兰物理学家塞曼（Pieter Zeeman）发现。1896 年，塞曼在观察燃烧钠火焰的光谱时发现，在将钠置于磁场中时，钠的谱线变宽了，也就是说钠发出的光线，频率范围变大了，对于这一谱线进行更为细致的观察可以发现，实际上是一条谱线分裂成了多条谱线，这就是最早观察到的谱线分裂现象，这种能级分裂也称作"塞曼效应"。

不过，塞曼最初并不清楚这种现象的内在机制，他将实验结果报告给了荷兰皇家科学学会。几天后，塞曼的老师，荷兰物理学家洛伦茨（Hendrik Lorentz）运用经典的电磁学理论对能级分裂现象进行了解释，他认为电子存在轨道磁矩 μ，在磁场的作用下，就会产生能级分裂。塞曼和洛伦茨也因为这一发现分享了 1902 年的诺贝尔物理学奖。在经典物理学中，力矩是指作用力促使物体绕着转动轴转动的物理量，因此，力矩是改变物体旋转运动状态的作用。磁矩，从字面意思我们就可以理解，是磁场促使物体产生转动效应的物理量，比如，处于外磁场的磁铁，会感受一个力矩，这个力矩会促使磁铁沿着外磁场的磁场线的方向旋转，指南针的指针也因此在地球磁场的作用下发生偏转，从而可以指明南北极。

◎塞曼

任何可以和磁场产生相互作用的物体都有磁矩，比如电子、电流回路、分子乃至行星。从电子的轨道磁矩和轨道角动量的物理意义我们可知，两个物理量关系密切，在数值上，二者呈正相关，方向则相反，因此，角动量的空间取向就直接决定了磁矩的取向，磁矩也会有 $2l+1$ 个取向。当原子处于外磁场中时，电子的轨道磁矩与外磁场之间会产生一个相互作用能，不同方向磁矩与磁场方向的夹角不同，这样就会导致不同的相互作用能，从而产生能级的分裂，而能级分裂的大小与磁场的大小以及磁矩在磁场方向的投影的大小相关，这样便产生了一个新的量子数——磁量子数 m_l。这一量子数代表了电子轨道能级在外磁场作用下分裂出的新的分立能级，m_l 可以取 $-l$、

−*l*+1*l*−1，*l* 共 2*l*+1 个数值，也就是说，同一个角量子数下会分裂出 2*l*+1 个能级，磁量子数则代表了电子轨道的空间取向的不同。

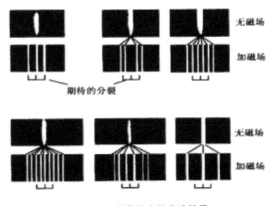

塞曼效应的实验结果
◎塞曼分裂

　　按照上文分析可知，当角量子数取值一定时，能级分裂的个数为奇数。然而，物理学家做了更多的实验研究后发现，很多原子能级分裂不仅仅是奇数条，还有偶数条，这样按照上文的理论就无法解释。在随后的 30 年间，这一问题一直得不到合理的解释，1920 年，德国物理学家索末菲将这一问题称作"原子物理中悬而未决的问题"，这样反常规的能级分裂也被称作"反常塞曼效应"，而之前能够很好解释的能级分裂则称作"正常塞曼效应"。奥地利理论物理学家泡利曾回忆道："一位同事见我在哥本哈根美丽的街道上毫无目的地来回闲荡，就好意地问我：'看样子您很不高兴啊？'我当时不耐烦地回答：'当一个人在思考反常塞曼效应时，他怎么会显得高兴呢！'"可见反常塞曼效应在当时是一个让物理学家极其头疼的难题。不过很快新的实验证据不仅很清楚地为角动量的量子化提供了证据，还暗示着新量子化自由度。

　　1921—1922 年期间，德国物理学家奥托·施特恩（Otto Stern）和瓦尔特·盖拉赫（Walther Gerlach）为证实原子角动量量子化，完成了一个科学史上著名的实验——施特恩 – 盖拉赫实验。实验中二人设法将高温炉中的银原子发射到一个不均匀的磁场区域，穿过磁场区域的原子束射到一个接收屏上。实验发现，接收屏上呈现出几条清晰的黑色斑纹，原子的受力情况是和磁矩相关，或者也可以说是和

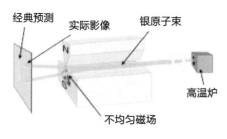

施特恩 – 盖拉赫实验示意图

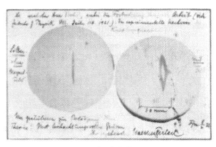

实验现象

角动量在磁场方向投影相关，这说明原子的角动量只能取几个特定的方向，这是第一次对角动量量子化的实验验证。不过，实验上还有更多的发现，在使用别的原子进行实验时，比如锂、钠、钾等原子，实验得到的是两条斑纹，但是当时理论表明角动量的取向满足 $2l+1$，也就是个数应该为奇数，如果按照条纹数反推的话，l 应该等于 1/2。那么，此处 1/2 的量子数意味着什么呢？是不是还存在新的量子数？

◎拉尔夫·克勒尼希、乔治·乌伦贝克与塞缪尔·古德斯米特

1925 年，美国三位理论物理学家拉尔夫·克勒尼希、乔治·乌伦贝克与塞缪尔·古德斯米特共同提出了电子自旋的概念。他们将电子想象成一个带电的球体，自旋则就像地球围绕着地轴自转那样旋转。在经典物理学中，一个物体可以有两种角动量，一种是上文提到的绕着原点转动的轨道角动量，另一个则是绕着自身质心旋转的自旋角动量。就好比地球的轨道角动量代表地球绕着太阳进行的公转，自旋角动量则是地球绕着南北极地轴的自转。任何旋转体都有绕轴的角动量，按这样的理解，电子自转也会产生角动量，量子数只可以取 1/2，并且其取向同样是量子化的，其取向有两个方向，在磁场方向上则会有两个投影，这样就定义了新的量子数：自旋量子数 m_s，取值为 -1/2 和 1/2。自旋角动量的两个取向，我们可以形象地理解为电子顺时针旋转和逆时针旋转两种状况：顺时针时，自旋磁矩和磁场方向同向平行，量子力学上用↑来表示；逆时针时，自旋磁矩和磁场方向相反，用↓来表示。

不过，随后的理论以及实验均表明，电子是不可分割的点粒子，其尺寸是没有下限的，所以并不能以宏观事物的自转来看待电子的自旋，量子力学上将电子的自旋及其所具有的角动量视为其与生俱来的内禀属性，宏观世界并没有对应的物理图像。事实上，不只是电子具有自旋，原子、原子核、质子、中子甚至是光子均具有自旋。质子、中子的自旋量子数为 1/2，光子的自旋量子数为 1。那么原子总的自旋量子数就可以通过各个粒子量子数相加来获得，根据原子总自旋量子数的不同，量子力学上定义了玻色子和费米子。总的量子数是整数的粒子，称之为"玻色子"，以印度物理学家玻色的名字来命名，光子的就是典型的玻色子；总自旋量子数是非整数的粒子称作"费米子"，以美籍意大利裔物理学家费米的名字来命名，电子自旋量子数为 1/2，那么电子就为费米子。玻色子和费米子性质上存在很大的不同，后文将慢慢展开。至此，原子内部的全部量子数均已给定，当给定一个电子的所有量子数时，那么就确定了这个电子所处的量子态。电子的量子数总结如下：

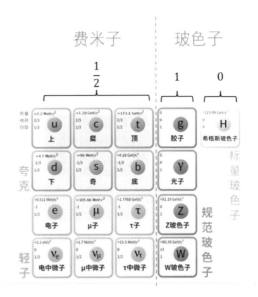

各种不同类型的费米子和玻色子

量子数	符号	轨道意义	取值范围
主量子数	n	电子和原子核的库仑相互作用导致，描述电子轨道大小	$n=1,2,3,4,5\cdots$
角量子数	l	描述电子轨道的形状	$0 \leq l \leq n-1$
磁量子数	m_l	描述电子轨道的空间取向	$-l \leq l \leq l$
自旋量子数	m_s	电子自旋取向	$-1/2$ 和 $1/2$

各种量子数描绘了电子的不同状态

　　上文阐述了电子轨道的大小、形状、空间取向等问题，还有一个关键问题就是，电子是如何在这些轨道上排布的？对于氢原子以外的原子，由于核内质子数均大于 1，必然带来较大数量的核外的电子数。那么，这些电子是如何在这些轨道中分布的呢？1922 年，玻尔在分析元素周期表排列时，提出了构造原理，他认为原子内部电子会按照最低能量原则，优先占据能量较低的轨道，然后再依次向外排布。但是玻尔并没有论述每个能级可以容纳的电子数。按照最低能量原则，大部分电子将趋于能量最低的轨道，单个原子的尺寸会坍缩变得很小，各种物质的原子在体积上将难以区分，日常宏观物质的密度也将变得非常大，原子外层也并不会有复杂多变的结构，这样就不会有化学中的变幻多端，我们所熟悉的奥妙无穷、五彩斑斓的世界也将不复存在。

实际上，对于电子数较多的原子，仅有少数电子聚集在较低能量的轨道上，更多的电子分布在原子核外广阔的空间内，并构成了我们眼前的物质世界。那么，到底是什么力量阻止了电子向最低能量态塌陷？1925 年，奥地利理论物理学家泡利给出了答案。泡利提出了不相容原理，他认为，在一个足够近的区域内，两个费米子不可能同时处于同一个量子态，拿电子来举例，由于电子是费米子，因此，在同一个原子内部，每个电子都具有各自独有的一组量子数 n, l, m_l, m_s，那么在同一个能级轨道上，也就是具有相同 n, l, m_l，这个轨道上只能占据自旋量子分别为 –1/2 和 1/2 的两个电子。1931 年，泡利获得了洛伦茨奖，该奖项以荷兰著名的物理学家洛伦茨来命名，由荷兰皇家艺术与科学学院设立，专门颁发给对于理论物理学做出重要贡献的科学家。在颁奖典礼上，奥地利数学家、物理学家埃伦费斯特（Paul Ehrenfest）对泡利说："你必须承认，泡利，如果你收回不相容原理，你将能解决很多我们的实际问题，比如我们路上的交通问题。"实际上，如果没有泡利不相容原理，不仅只是汽车变小那么简单，按照英裔美国理论和数学物理学家戴森在其 1966 年发表的一篇文章中的理论计算，这样的两个宏观物体如果混合后，混合物的能量将低于混合前二者各自总能量之和，这样二者的混合过程将会释放出巨大的能量，这个过程将类似于原子弹爆炸，世界将变得极其不稳定。可以说，泡利不相容原理是整个物质世界构成的根基。1945 年，泡利也因不相容原理在爱因斯坦的提名下获得了诺贝尔物理学奖。

至此，物理学家运用普朗克量子的概念，解决了很多原子层面的难题。在原子内部，光是以光量子的形式一份一份地吸收和发射，原子内部电子的轨道以及自旋，同样也是以一种分立的状态来呈现。这正是量子概念的核心内涵，也是微观世界和宏观世界非常重要的一个区别，在微观层面任何状态尺度都不是连续无限可分的状态，而是一种分立的状态。

在我们的宏观认知当中，时间、距离、能量等物理量都是连续无限可分的，这也就导致了芝诺悖论中的"阿喀琉斯追乌龟"的问题。古希腊哲学家芝诺为了说明其"运动是不可能"的观点，提出了一个悖论。他假设古希腊神话中的英雄阿喀琉斯和乌龟赛跑，乌龟在他前方 100 米处，假定阿喀琉斯的速度是乌龟的十倍，那么当阿喀琉斯追到 100 米处时，乌龟又向前前进了 10 米；阿喀琉斯继续追，当阿喀琉斯继续跑完 10 米时，乌龟又向前爬行了 1 米；阿喀琉斯继续跑完 1 米距离后，乌龟又向前爬行了 0.1 米；阿喀琉斯继续跑完 0.1 米后，乌龟又向前爬行了 0.01 米。如果距离是无限可分的，那么这样的循环会一直持续下去，阿喀琉斯永远都追不到

阿喀琉斯追乌龟

乌龟。然而，实际上，在量子力学当中，距离、时间都不是无限可分的，距离的最小尺度为普朗克长度，大小为 1.61624×10^{-35} 米；时间最小的尺度为普朗克时间，大小约为 5.39116×10^{-44} 秒。所以这样的话，芝诺悖论就不攻自破了。

　　虽然，运用量子力学分立的概念，在探究原子光谱等方面取得了很大的成功，但是实际上，我们只是揭开了大幕的一角。从 1900 年普朗克提出能量子概念，到 1925 年自旋概念的提出，这段时间的量子理论也被称作"旧量子论"。这些理论始终没有脱离轨道的概念，"轨道"是我们宏观世界中一种习以为常的概念，然而随着量子理论的进一步发展，轨道概念将被摒弃。因此，旧量子论实际上是一种半经典半量子的理论，实际上可以认为是利用分立的概念对经典物理学的一种修正。

五、上帝掷骰子

　　旧量子论的成果，使得量子这一概念已经不再是普朗克眼中"幸运的猜测"，而是一个逐渐被物理学家所接受的全新的物理学理论，为了揭开量子理论的更加深刻的奥秘，更多的科学家投身于量子理论的研究，一个崭新的理论即将在争论中为人类描绘一个崭新的奇异微观世界。

　　随着量子理论的发展，"光既是波也是粒子"逐渐成为科学家的主流认识。基

◎德布罗意

于这一事实，1924 年，出生于法国贵族家庭的理论物理学家路易·德布罗意（Louis de Broglie）在《自然》杂志发表了一篇里程碑式的论文——《波和量子》，将波粒二象性拓展到了具有质量的实物粒子。[1] 德布罗意在文中提出了一个开创性的观点，他认为爱因斯坦狭义相对论中的质能方程 $E=mc^2$ 和普朗克的电磁辐射能量公式 $E=hv$，将周期性现象和能量或者说质量关联在了一起。如果将两式联立起来就可以计算出一个频率和质量的关系 $v=\dfrac{mc^2}{h}$，这个式子表明具有质量的物体（比如电子），也同样具有一个频率。那么，这个频率是否意味着电子也具有波动性的一面？德布罗意大胆地提出电子同样具有波动性的一面，进而建立了物质波的概念，认为任何实物粒子在除了具有我们传统观念所认识的粒子性的一面以外，还具有波动性的一面。虽然这一新的观念石破天惊，但是大部分物理学家包括他的老师著名物理学家保罗·朗之万（Paul Langevin）都对这一观点嗤之以鼻，只有爱因斯坦兴奋地说："他已经掀起了面纱的一角！"

很快，电子的波动性就得到了证实。1927 年，美国贝尔实验室的克林顿·戴维森（Clinton Davisson）和雷斯特·革末（Lester Germer）将电子射向镍晶体，观察到了电子的衍射现象，如图所示。几乎就在同时，乔治·汤姆孙（George Thomson），也就是发现电子的约瑟夫·汤姆孙的儿子，也独立观察到了电子的衍射现象。因此，小汤姆孙

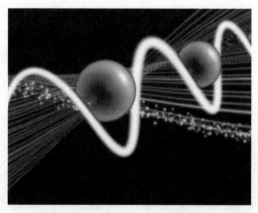

◎物质的既有粒子性的一面，也有波动性的一面

---

[1] de Broglie, L. Waves and quanta. Nature 112, 540（1923）.

和戴维森获得了 1937 年的诺贝尔物理学奖。1961 年，在托马斯·杨去世 130 年以后，德国蒂宾根大学的克劳斯·约恩松（Claus Jönsson）首次利用电子进行了双缝干涉实验。约恩松在铜上加工了一组 300nm 宽双缝，并用电子显微镜发射的电子束照射双缝，成功观察到了电子的干涉条纹。这又是一次对人类认知的洗礼，不仅是光具有波动性的一面，我们所见的万事万物都具有波动性的一面，这就是"物质波"，也被称作"德布罗意波"。德布罗意波波长可以表示为：

$$\lambda = \frac{h}{p} = \frac{h}{mv}$$

其中 h 为普朗克常数，p 为物质的动量，m 为物质的质量。由该公式我们可知，当一个物质的动量较小时，那么它的波长也会较大。但是，这里我们所谈的波动性和日常所见的波是一回事吗？ 这一问题将随着量子理论的进一步发展获得一个合理的答案。

在德布罗意物质波概念的启发下，另一位量子力学大神即将登场。1926 年，薛定谔从波的角度出发建立了震惊世界的薛定谔方程：

$$\widehat{H}\Psi = i\hbar\frac{\partial}{\partial t}\Psi$$

我们先来了解一下薛定谔方程中的一些元素。式中表示波函数总能量的是哈密顿算符。在经典力学当中，哈密顿量代表粒子的动能和势能之和，也可以理解为总的机械能，而在量子力学当中，经典力学中的物理量就会变为相应的量子力学算符，因此，在量子力学当中，哈密顿量对应哈密顿算符。算符在经典力学当中一般作用于包含各种物理量的函数，通过算符的作用，可以将一个函数对应为另一个函数。而在量子力学中的算符作用对象是量子力学当中的一种状态，量子力学算符是量子理论表述中不可或缺的关键要素。薛定谔方程中哈密顿算符的作用对象是位置 r 和时间 t 的函数 $\Psi(r,t)$。薛定谔方程是从波动性出发建立的，而 Ψ 从数学角度来看就是一种波动方程，因此，我们称其为"波函数"。波函数是量子力学中的一个核心概念，可以说量子力学中的很多怪异的现象都可以用波函数来进行解释，下文将一一阐述。

那么，波函数中所指的波到底代表着怎样的一种波呢，是我们传统观念中的波吗？对于这个问题，就连薛定谔本人也没有参透波函数所蕴含的深刻内涵。薛定谔认为波函数的起伏是代表着电荷实际的分布密度，然而这样的解释并不成功。

1926 年，德国的理论物理学家玻恩在爱因斯坦将光波振幅解释为光子出现的概率密度思想的启发下，提出了波函数的概率解释，他认为波函数 $\Psi(r,t)$ 绝对值的平方，也就是 $|\Psi(r,t)|^2$ 代表在位置 r、时间 t 时找到该微观粒子的概率。如图所示，波函数波峰所处的位置，粒子的颜色较深，代表着粒子出现概率大，而在波函数振幅小的位置，粒子的颜色较浅，代表着粒子出现概率较小。不过，爱因斯坦并不认同玻恩的观点，在 1926 年 12 月 4 日，写给玻恩的信中，爱因斯坦表示："量子力学固然是堂皇的。然而我的内心中却有一个声音告诉我，它还不是那回事。这理论说了很多，但并没有真正地带领我们更加接近'那位老头子'的秘密。我，无论如何，深信'那位老头子'不是在掷骰子。"（爱因斯坦口中的"老头子"代指"上帝"）这正是"上帝掷骰子"的来源。

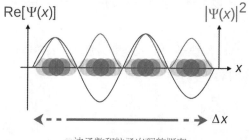

◎波函数和粒子出现的概率

虽然波函数的概率解释很难理解，但是实际上这一理论已经成为量子力学中的最为成功的一种理论。在量子力学中，波函数用来描述某一量子体系的状态，而薛定谔方程则描述了波函数是如何随着时间演化的。波函数告诉我们，在微观层面，如果想在某一时刻完全确定某一个粒子的具体位置是不可能的，只能通过波函数获得这一粒子出现在某处的概率，就好像粒子所处的状态，是靠上帝所掷出的骰子来决定的。

波函数的概率解释还可以给予我们对于微观粒子的另外一种认识。波函数描述微观粒子时，给出的是任何一个时刻某一粒子出现在某一位置或者说处于某一状态的概率分布。这样的状态就好像是这一粒子处在各种状态的叠加状态，这就会引申出另外一个重要的概念——叠加态。所谓"叠加态"，就是指微观粒子可以同时处于几个状态的叠加状态，也就是微观粒子可以同时处于多个位置叠加状态。这样的状态放到宏观世界，我们是完全无法理解的，比如，小狗可以在家里，也可以在公园里，但是在某一个时间点，有且只能在一个地点，不会有同时处在两个地点的叠加状态。这样一种状态在宏观世界是无法想象的，但是在微观世界，叠加态却是一种非常基本的状态。

伴随着叠加态，还会引出一个重要的概念——波函数的坍缩。这一概念最初由美国著名的数学家、物理学家冯·诺依曼[1]（John von Neuman）在1930年提出。微观量子系统也不会一直处在叠加态，而是会在人类想要观察该粒子到底是处在怎样状态的时候，随机从多个叠加态中坍缩为一个状态。因此，一旦有人想知道微观世界的实际情况，或者说对微观量子系统进行了一次测量行为，那么代表多种状态叠加的波函数就会瞬间坍缩为某一固定状态。此时，也就相当于该系统100%处于这一状态，这样我们始终无法看到这样一种叠加的状态。因此，美国著名的理论物理学家惠勒[2]对量子现象发出感叹："量子现象是一种直到其被观察才能显现出来的现象。"波函数的坍缩说明，只要有人想要确定实际状态，叠加态就会变为某一固定状态，这里需要强调的是这一过程必须有人来参与，机器或者其他什么动物可能都无法产生这一效应，因此，这里还会引发一个更为深刻的思考，人类区别于其他物体的本质是什么？是人类的意识吗？那么人类的意识和量子效应又有怎么样的关联？这些问题涉及了意识的本质、微观量子效应和宏观世界的关联等很多深刻的问题，本书稍后会进一步探讨。

在有了波函数的概念以后，我们将可以从更深的层次上去理解和认识电子轨道、路径等问题，包括电子在原子核外的分布，以及双缝干涉实验中电子路径等问题。电子轨道的概念，其实是不准确的，更准确的说法应该是"轨域"，或者可以更为形象地称作"电子云"。因为，实际上电子在原子核外的运动情况并不能拿宏观的认知的轨道概念去认识，而是应

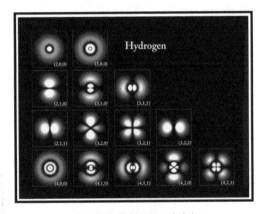

不同轨道上电子云的分布

---

[1] 冯·诺依曼在数学、计算机、量子力学、博弈论等领域均有建树，是一位名副其实的科学全才，也被称作"现代计算机之父"。

[2] 惠勒虽然一生都没有获得过诺贝尔奖，但是他在量子力学和广义相对论等领域都做出过非常杰出的贡献，提出了经典的"延迟选择实验"，是"黑洞"的命名者。他还是一位非常杰出的教育家，他的学生中涌现出了一大批物理学大咖，包括费曼、虫洞理论的开拓者索恩、多世界理论开创者埃弗雷特、盎鲁效应提出者盎鲁、黑洞热力学的开创者贝肯斯坦等等。

该用波函数的形式去描述。我们无法获知电子在某一时刻的确切位置，在电子的四个量子数确定以后，就会唯一地确定电子波函数，而波函数可以提供的信息，就如图中呈现的那样，是一个电子出现概率的分布图，这也正是电子云的意义所在。因此，用电子云模型来描绘原子内部的模样才更为贴切。如图所示展示了电子模型的发展。

实心小球模型	葡萄干蛋糕模型	行星模型	玻尔模型	电子云模型
（道尔顿）	（汤姆孙）	（卢瑟福）	（玻尔）	（Schrodinger-Born）

◎原子模型的发展

下面，我们再用波函数的概念去理解双缝干涉实验，或者也可以说用波函数的概念去进一步理解电子波动性。一个电子在离开发射器后，在传播的过程中其位置就变得不确定了，我们只知道电子随着时间演化的波函数，以及由其决定的每个位置出现的概率。波函数在经过双缝后，分成两部分，如图所示，这两部分波函数会相互干涉从而在到达屏幕上时形成干涉，这个"干涉条纹"是一个我们无法直接观测的量，干涉加强的部分代表电子出现概率较高的区域，最后单个电子由于波函数的坍缩会随机出现在屏幕上的某一区域。在屏幕上观察到的干涉条纹，实际上是成千上万个电子坍缩后的统计结果，单个电子只能观察到一个亮点。这个过程中，单

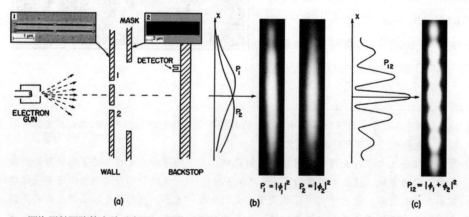

◎ a 图为巴赫团队的实验示意图；b 图为分别挡住 1、2 两条双缝后，得到的图样；c 图为双缝干涉后获得的图样

个电子可以认为就像水中的波纹一样同时通过两条狭缝，在通过双缝时，处于通过A 缝和 B 缝的叠加态，如果一旦有人在双缝处观测电子到底是从哪条缝通过的，在任一条缝处观察到电子的概率都为 50%，不过一旦有人做了这样的事，屏幕上的干涉条纹也将消失，因为观测行为导致电子唯一确定了通过了某一狭缝，就像将水波干涉实验中一个波动源去掉了一样，只剩下一个波动源无法再干涉。

　　实验上虽然观测到了电子的双缝干涉，但是由于早期实验技术的限制，电子的发射并不是一个一个发射出来，而是大量电子组成的电子束，这样的实验设置对于我们解释电子个体本身的波粒二象性显然是没有说服力的，只能说明电子束的波动性。从 1960 年开始，著名理论物理学家理查德·费曼（Richard Feynman）在加州理工学院为本科生开展了一系列物理学讲座，[①] 讲座中费曼详细讨论了单个电子如何产生干涉条纹，从而验证电子的波动性。但是由于实验技术的限制，在随后的几十年当中，始终无法使用单电子来进行这样的实验。直到 2013 年，美国内布拉斯加大学林肯分校的巴赫（Roger Bach）等人才成功实现了单电子的双缝干涉实验。[②] 基于微纳加工、探测等实验技术的提升，实验中可以制造出相距 272nm、宽为 62nm 的两个狭缝，并且能够实现每一秒发射一个电子，从而保证任何时候在电子发射源和屏幕之间只有一个电子，进一步保证了只可能发生单个电子自身的干涉。通过上文的分析，我们可以预测到实验过程中屏幕上图样的变化，最初看到的图样只是一些零星散落的电子点，但是随着实验的连续进行，两个小时后，随着越来越多的电子打到屏幕上，屏幕上逐渐呈现出了干涉条纹。由于一个电子在发射时，下一个电子已经打在了屏幕上成了像，因此，前一个电子的行为并不会影响稍后发出的电子的行为，从而非常充分地证明了电子的波粒二象性。在整个实验过程中，只有电子发射位置和电子打在屏幕上成像时电子的位置是确定的，而在整个过程中电子的位置都是不确定的，因此，惠勒用一条只见首尾的大烟龙来比喻整个双缝干涉实验。

---

① 费曼在加州理工学院的一系列讲座，最后被整理成书，就是现在经典的物理学著作《费曼物理学讲义》。费曼因对量子电动力学的贡献而分享了 1965 年的诺贝尔物理学奖。费曼曾参与二战期间原子弹的研发，以及 1986 年美国"挑战者"号航天飞机事故的调查。

② Roger Bach, Damian Pope, Sy-Hwang Liou and Herman Batelaan, Controlled double-slit electron diffraction 2013 New J. Phys. 15 033018.

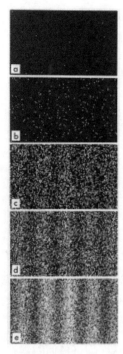

◎惠勒的大烟龙

◎展示了干涉条纹的呈现过程，在电子少的时候，只能看到屏幕上一些随机点，随着电子数的积累，统计效应明显了以后，才会看到干涉条纹

六、眼见为实

　　几乎就在薛定谔方程建立的同时，1925 年，索末菲的学生，德国物理学家维尔纳·海森堡（Werner Heisenberg）基于可观察性原则，建立了矩阵力学。在微观层面，粒子的属性和宏观世界的完全不同，宏观世界粒子的运动形式并不适用于微观粒子。比如，原子内部的电子是以一种电子云的形式分布于原子内，只能通过原子波函数知晓电子某一时间点出现在某一位置的概率，而对于宏观意义上的轨道的概念，意味着粒子在每一个确定时刻，都会有一个确定的位置。因此按照轨道的形式去建立理论模型显然是不合理的，海森堡正是基于这一假定，按照可观察性原则建立了矩阵力学。所谓"可观察性原则"，就是指在建立理论的过程中，并不去试图构建无法观察到的微观世界的物理图像，而是从可以观察的物理量入手，比如原子发射出的光的频率、强度、偏振等物理量。海森堡通过这些物理量构建起了矩阵。　海森堡曾回忆他与爱因斯坦一起讨论如何来构建一个新的理论。海森堡说："我们并不能看到原子中电子的轨道……"爱因斯坦回答："说真的，我不信物理理

论可以仅仅依据可观察量。"海森堡惊讶地问道："我想这个观点是不是对于你建立相对论来说是必需的？"爱因斯坦则回答道："也许，我使用了这样的哲学，但是它是没有道理的。"[1]

$$\begin{vmatrix} 1 & 2 \\ 2 & 4 \end{vmatrix}$$

海森堡的矩阵力学是一种缺乏形象化的数学方法，这也是海森堡对待微观不可观测量的态度：我们并不一定要想象原子内部到底是什么样子的。他认为利用数学就可以很好地来描述自然界，并不需要具体的物理图像，用数学就可以描绘原子的样貌。量子态以及量子算符都可以运用数学矩阵的形式进行描述。玻尔的原子模型虽然能够非常成功地解释一些分立光谱的现象，但是该模型仍有很大的局限性，原子光谱不仅只是分立的问题，还有无法进一步解决的更复杂的原子光谱现象，比如原子光谱的强度、偏振等物理量。矩阵力学的发展，不仅为原子的光谱问题提供了更为有力的理论支撑，还为我们提供了对于微观世界更为深入的洞见。

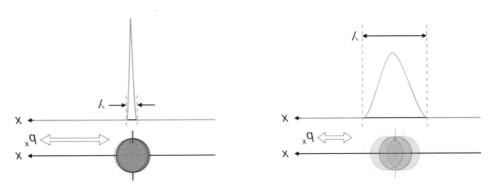

动量和位置无法同时精准测量

矩阵不仅帮助物理学家解释了很多原子光谱的问题，并且还帮助物理学家窥探到了量子力学中的另一个深刻的奥秘。在数学上，矩阵的乘法运算并不满足交换律。为了解释这一数学关系的物理对应，海森堡提出了不确定性原理。在考虑电子的运动轨迹时，海森堡并没有试图描述电子的准确轨道，而是提出了不确定性原理，认为微观粒子的位置和动量无法同时确定，也就是说，当你获得的电子的位

① Heisenberg, W.（1973）: Der Teil und das Ganze. Gespriiche im Umkreis der Atomphysik（Deutscher Taschenbuchverlag）.

置信息越准确，那么其动量信息就会越不准确，二者的不确定性关系满足不等式 $\Delta x \Delta p \geqslant h/4\pi$。事实上，除了位置和动量有这样的关系，能量和时间也满足这样的不确定关系，也就是说，在一个确定的极短时间内，能量会变得非常不确定，产生很大起伏。这就导致了另一个非常重要的量子效应——真空量子涨落。因此，即使在宇宙这种完全真空的环境当中，在极短时间内，真空中也充满了能量的涨落。这一量子效应也导致了黑洞的蒸发理论，后文将具体介绍。不确定性原理也限定了我们探测微观世界的精确程度，在一些非常精密的测量实验当中，量子涨落是影响实验精度的重要因素，比如探测引力波。

矩阵力学和薛定谔方程在形式上看起来完全不同，在两个理论建立的初期，建立者之间曾爆发激烈的争论，二者虽然都是从经典的哈密顿函数而来，但是二者出发角度是不同的，一个从物质的粒子性出发，而另一个则从波动性出发，不过最后薛定谔、泡利等人分别从数学上证明了二者的等价性。这也从另一个侧面表明，波动性和粒子性虽然不会同时表现出来，但是却会在更高的层次上统一起来。

至此，量子力学体系就基本建立起来了，薛定谔建立的薛定谔方程和海森堡建立的矩阵力学构建了量子力学的理论体系，同时，波函数的概率解释、波函数的坍缩、不确定性原理等则共同构成了量子力学的核心，也被称作"哥本哈根诠释"。这一理论体系完全颠覆了人类的宏观认知，以至于还有一部分量子力学的奠基人并不认同其中的一些观点，其中最具代表性的人物就是爱因斯坦。爱因斯坦依旧想通过宏观世界的认知去认识一些微观效应，并对哥本哈根诠释进行了发难，下文将详解。

宏观认知可以诠释
量子理论吗

HONGGUAN RENZHI KEYI QUANSHI

LIANGZI LILUN MA

　　量子力学从根本上改变了人类对物质结构及其相互作用的理解，可以说是久经考验、最为成功的科学理论之一。量子力学推动了小到芯片、大到航天飞机等无数前沿科技的发展。因此，理论物理学家温伯格（S. Weinberg）在《量子场论》中说道："如果发现不服从量子力学和相对论法则的系统，那则是一场灾难。"[①] 然而，量子力学所呈现的微观世界却是一个突破人类宏观认知、完全区别于宏观世界的极其怪异的世界，并且量子力学中的一些基础问题至今仍然悬而未决。量子力学中一些基本难题包括：爱因斯坦和玻尔二人关于量子力学完备性的争论，宏观世界和微观世界的界限问题，量子力学中复数的使用问题，量子力学和相对论的统一问题等等。因此，才会有玻尔和费曼对于量子力学理论的感叹。量子力学的核心要义仍有待人类继续追寻。

一、量子力学是完备的吗

　　以概率解释、不确定性原理等为核心的量子力学理论，虽然现在已经成为学术界的共识，然而这些颠覆性的观念在刚开始提出的时候，受到了很多物理学家的质疑，而其中最为猛烈的责难，则来自爱因斯坦的隐变量理论。

　　爱因斯坦的核心观点是"上帝不掷骰子"，也就是说爱因斯坦并不认同波函数的概率解释。波函数的概率解释这一概念完全颠覆了人类的传统认知，因为，在经典力学时代，牛顿所建立起来的力学体系在宏观世界可以说无所不能，既可以非常精确描述我们身边任何物体的运行状态，也可以预测天上各种天象，比如日食、月食等等，并且应用牛顿力学，科学家发现了天王星运行状态和理论计算不太符合，这样间接预测了海王星的存在。所以在牛顿力学的体系框架内，只要知道一个物体其初始状态以及随后发展的任何相互作用的细节，我们就可以精准预测今后它的发展状态，当然也可以倒推回过去的历史，也就是说我们生活的世界是决定论的。正如法国著名数学家拉普拉斯在其《概率分析理论》一书的导论中所描述的那样：

　　　　我们可以把宇宙现在的状态视为其过去的果以及未来的因。假若一

---

① 温伯格.量子场论.张弛，译.戴伍圣，校.北京：高等教育出版社，2021：1.

位智者会知道在某一时刻所有促使自然运动的力和所有组构自然的物体的位置，假若他也能够对这些数据进行分析，则在宇宙里，从最大的物体到最小的粒子，它们的运动都包含在一条简单公式里。对于这位智者来说，没有任何事物会是含糊的，并且未来只会像过去般出现在他眼前。

拉普拉斯的妖

拉普拉斯所提到的"智者"，后来就被称为"拉普拉斯的妖"，这个妖既能预测未来，也可以回看过去，宇宙的一切尽在掌握，这就是牛顿经典物理学给予人类决定论、因果论的认知，这也是拉普拉斯的坚定信仰。另外，拉普拉斯还是拿破仑的老师，有一次拿破仑看完拉普拉斯的著作《天体力学》后，问他为何在书中没有提及上帝，拉普拉斯回答："陛下，我不需要那个假设。"因此，有人将拉普拉斯称作"将上帝赶出宇宙的人"。然而，波函数的概率解释，从根本上颠覆了因果论、决定论这一早已在人类心中根深蒂固的观念，这一次上帝又回来了。

对于概率解释和测不准原理最为猛烈的责难，则来自爱因斯坦的隐变量理论。爱因斯坦认为量子力学并不完备，一定存在我们所不了解的隐藏着的变量或者原理主导着量子世界。这一观点，可以用一个现实中很简单的掷骰子的例子来说明。如果运用牛顿的经典力学仔细分析，我们会发现骰子哪面朝上实际上并不是概率性的而是可以预测的。如果能够获取掷骰子过程中的足够多的信息，比如，掷骰子的力度、方向，骰子飞行过程中的空气阻力、落地时的受力情况等详细信息，运用经典物理学就可以非常精准地预测骰子落地后的点数。因此，骰子掷出的点数其实并不是随机的，而是可以精确推算出来的。这就是隐变量理论的核心观点，因为我们没有掌握足够的信息，以至于无法精准预测波函数坍缩后的结果，如果可以将背后隐藏着的影响最终结果的所有细节知晓，那么微观量子世界就不会呈现出这种概率性的境况，这样我们的世界还是决定论的。这里还可以从另外一个角度来说明这一问题。在关于赌博的电影里有很多这样的场景，一些所谓的"赌神"，能够做到百战百胜，本来应该是概率性的输赢的问题，到了这些人身上成了决定性的，这其中的奥秘就是这些赌局的背后的骰子都是精心设计过的，这样结果就会导致本来看起来是一种随机行为，实际上结果是由不为大部分人所知的因素控制着的，结果在掷骰子之前就已经确定，这其中隐藏在背后的可控因素就可以理解为隐变量。爱因斯坦认为，当得知了背后的可控因素就可以精确预测观测结果。

1935 年，爱因斯坦与鲍里斯·波多尔斯基（Boris Podolsky）及其助手罗森（Nathan Rosen）共同发表了题为"能认为量子力学对物理实在的描述是完全的吗？"的论文，提出了著名的 EPR 佯谬（Einstein–Podolsky–Rosen paradox，以三人的名字来命名）来进一步佐证他的观点。文中设计了一个思想实验，利用粒子的动量和位置两个连续变量进行讨论，根据不确定性原理，粒子的动量和位置无法同时精确测定，爱因斯坦认为当精确测定其中一个物理量时，另一个物理量则失去了物理的实在性。当相关讨论由单个粒子拓展到多个粒子的测量问题时，假定两个粒子之间初始时刻经历了某种相互作用，使得二者之间建立了一种量子关联，二者此时实际上要被看作一个整体，这样可以用同一个波函数来描述二者的状态。如果将 A 电子留在地球，B 电子则移动到一个足够远的地点，这个地点可以是到太阳系的边缘，或者直接到银河系边缘，又或者更为遥远的其他星系，但是不论两个粒子之间相距多远的距离，如果对 A 电子进行一次测量，那么此时两粒子的波函数会同时坍缩，处在遥远星系的 B 电子的状态会由地球 A 电子最后随机呈现出的那个状态而决定。比如，假定测量 A 粒子的位置信息，那么根据不确定性原理，A 粒子的动量信息就是无法精确测定了，同时远在天边的 B 粒子就好像获得感应一样，也会相应产生同样的变化，只能精确测定其位置信息，而无法精确测量动量信息了，反之亦然。在这个过程当中，两个粒子之间实现了一种现在科学所不了解的相互作用，这种神秘的相互作用实现了瞬时的沟通和联系，这与爱因斯坦的相对论相悖，因为在相对论中任何的相互作用的速度极限是光速。爱因斯坦则将两粒子之间这种关联称作"鬼魅般的超距作用"，薛定谔第一次使用"量子纠缠"来描述这一神奇的量子力学效应。波多尔斯基还向《纽约时报》提交了一篇新闻稿，向整个社会宣布了他们对于量子力学的质疑，并成为头条新闻。如图所示为《纽约时报》的新闻标题"爱因斯坦抨击量子理论"。不过，标题显然有些太过夸大，爱因斯坦为此非常生气。

实际上，爱因斯坦的观念始终是想把宏观世界的一些观念用于理解微观世界，因为他一直坚信世界一定具有实在性和定域性。实在性是指物体一定有具体确定的属性和状态，而不会处在一种不同状态之间的叠加状态或者不确定的状态，这对于我们熟悉的宏观世界是显然的。在 EPR 论文中，爱因斯坦对海森堡的测不准原理进行了质疑，他认为如果把位置测量得非常准确，动量就无法精确测定了，那么动量也就失去了实在性，因为我们已经

EINSTEIN ATTACKS QUANTUM THEORY

Scientist and Two Colleagues Find It Is Not 'Complete' Even Though 'Correct.'

SEE FULLER ONE POSSIBLE

Believe a Whole Description of 'the Physical Reality' Can Be Provided Eventually.

1935 年 5 月 4 日，《纽约时报》首页的头条新闻标题

无法确定其状态。这就会牵扯到一个客观实在的问题，到底是否存在客观实在，还是我们所谓的"客观实在"其实都是人参与的结果。美国物理学家、科学史家派斯（Abraham Pais）曾回忆他经常和爱因斯坦讨论关于客观实在的问题，有一次二人散步时，爱因斯坦突然停住脚步转身问派斯："你是否真的相信月亮只有在你看它的时候才存在？"这就是由波函数坍缩的测量问题引申出的一个非常深刻的问题，爱因斯坦始终认为客观实在是存在的。而在玻尔看来量子现象是与观察和测量分不开的，正如惠勒所言："只有记录现象，量子现象才算现象。"[1]

定域性则指物体只能被其附近的物体作用所影响，且这种作用不会超过光速，也就是说不存在一种无视空间距离和时间的超距作用。爱因斯坦还曾举了一个手套的例子来进一步说明其观点。假定有一副手套，分别放到两个盒子中，然后将两个盒子来回调换几次位置，这样我们并不确定哪个盒子中是左手手套，哪个是右手手套，随后将其中一个盒子放到足够远处，然后打开手边的这个盒子，那么一旦确认手边盒子中的手套是哪只手的，就能瞬间确认放到足够远处的另一个盒子中的手套

---

① Wheeler, J. A., 1978, in Mathematical Foundations of Quantum Theory, edited by A. R. Marlow（Academic, New York）, p. 9.

是哪只手的。这个例子说明，在打开盒子前，结果已经确定，事实上结果在两个盒子分开时就已经确定。爱因斯坦用这个例子很形象地说明了其对于量子纠缠的认识。量子纠缠可以说是在谈及量子力学时不可回避的当今世界最为热门的科学词汇，更是发挥量子科技神秘而强大力量的核心资源。

因此，爱因斯坦认为量子力学体系中的核心理论违背了定域性和实在性，并没有将微观世界中的所有相互作用和状态描述清楚，这样量子力学就是不完备的。因此，爱因斯坦认为一定存在我们现在不知道的隐变量，一旦知道了隐变量的参数，量子力学中的概率解释、量子纠缠、测不准原理等等会和宏观世界一样是决定性的。

◎薛定谔的猫思想实验示意图

在爱因斯坦的启发下，为了讽刺波函数的概率解释，薛定谔假想了那个著名的猫思想实验，[①] 来调侃叠加态。他想象在一个密闭的房间内有一个放射性元素盒子，盒子内的放射性元素处在衰变和不衰变的叠加状态，如果放射性元素衰变了，那么与其相连的一个机关装置会打翻房间内的毒气瓶，猫就会死亡，反之，猫还会是活蹦乱跳的。既然放射性元素是叠加状态的，那么猫是否也会处在一种生和死的叠加状态，这就导致一个宏观世界没法想象的状态。用薛定谔的猫的实验来说明波函数的坍缩的话，那就是，一旦有人打开房间门看猫到底是生是死，那么猫就会从

① Schrödinger E 1935 Naturwissenschaften 23 807.

一种叠加状态按照概率随机地呈现到几个叠加状态的某一状态中去，这样我们并不会看到处在叠加状态的猫。这只处在生死叠加状态的猫就是著名的"薛定谔的猫"。薛定谔通过这一思想实验，来说明波函数的概率解释如果放到一个宏观物体上的话，将是多么荒谬的一件事。因此，薛定谔虽然提出了薛定谔方程和波函数，但是内心是不认同波函数的概率解释的。从爱因斯坦和薛定谔对于量子力学的争辩中，可以发现，二人仍然想把宏观世界的观念纳入量子力学体系，认为即使是微观世界同样是定域实在性的，即不存在一种超越时空距离或者说超越光速并且我们无法理解的相互作用。

　　玻尔是概率解释、不确定原理等理论的坚定拥护者。从 1927 年的第五次索尔维会议①开始，玻尔和爱因斯坦就围绕量子力学中的一些核心理论进行了长达数十年的论战。第五次索尔维会议是最为著名的一次索尔维会议，汇聚了当时全世界最强的物理学家阵容，可以说是物理学界的"华山论剑"。如图所示。此次会议的主

物理学界的"华山论剑"：第五次索尔维会议

---

① 索尔维会议是由比利时化学家、企业家欧内斯特·索尔维（Ernest Solvay）于 1911 年在布鲁塞尔创办的顶级物理学会议，每三年举行一次。索尔维既是一个科学家，同时也是一个热衷于慈善事业的慈善家。索尔维会议可以类比诺贝尔奖。诺贝尔奖是依照瑞典化学家阿尔弗雷德·诺贝尔的遗嘱设立，是科学界最有影响力的科学奖。

题是"电子和光子"，会议上最为瞩目的就是爱因斯坦和玻尔之间的对于量子理论的争论，并且会上玻尔开始运用互补原理回应爱因斯坦的质疑。随后的第六次索尔维会议，乃至随后几十年，玻尔和爱因斯坦之间的争论从未停息。针对爱因斯坦的质疑，玻尔经过多年的深思熟虑，于1949年发表了题为"就原子物理学中的认识论问题和爱因斯坦进行的商榷"的文章，进一步完整地表述了互补原理。

◎从不同角度去看同一个物体，会看到不同的形状

玻尔认为，在微观世界我们应该抛去传统观念，而要用一套新观念去看待微观世界。互补原理就是这样一个新观念，也是玻尔最有力的反攻武器。该原理指出原子现象并不能用经典力学所要求的完备性来描述。互补原理的根源在于宏观经典世界和微观量子世界在测量方面存在着很大的差别。在宏观世界用仪器测量一些宏观物理量时，其对于物体的影响是微乎其微的。比如，高速公路上用雷达测速仪测量汽车的行驶速度，测速雷达利用电磁波的反射来进行测速，电磁波对于汽车的影响完全可以忽略不计。因此，在宏观世界的测量行为获得的就是物体的原始信息。并且通过人眼的观察，我们还可以获取汽车的颜色信息，这个过程实际上也是通过汽车上的光子反射来获取的信息。这样，通过各种不同的测量方式，就可以得到一个宏观物体的全方位的状态信息。

但是，用相同的方式来测量一个原子，或者更为微小的电子，一个光子就足以对电子或者原子造成极大的扰动。在这种情况下，电磁波将极大地改变微观系统状态，这样的测量获得的微观粒子的状态信息，是已经掺杂了测量行为影响的状态信息，此时，已经不能撇开测量过程来谈微观粒子的状态，也就是说在描述微观粒子的状态时，必需要说明是何种测量方式。因此，在量子力学中，想要完整描述一个微观粒子的完整状态信息，完全不同于宏观世界，这里必须要用一种全新的思维框架来考虑，这就是互补原理。波粒二象性就是互补原理的一个重要体现，波动性和粒子性在宏观世界来看，如果同时出现在同一个宏观物体上，这是一种完全无法想象的状态，因为，这两种状态看起来是完全矛盾的两个性质。在微观量子世界，这两种状态则可以完美地统一在同一个微观粒子身上，不过，波动性和粒子性并不会同时出现，在测量一个微观粒子状态时，会随着我们观测方式的不同，而表现出不同的属性，就好像图中的那个圆柱体，如果观察角度不同就会呈现出不同的形状。但是在描述一个粒子的性质时，二者又缺一不可，相互补充，这就是互补原理核心所在。我们可以认为不确定性关系是在数学层面描述了波粒二象性，互补原理则是从哲学层面表述了波粒二象性。

◎玻尔在哥本哈根大学建立的理论物理学研究所（现为尼尔斯·玻尔研究所）

以玻尔、海森堡、玻恩等为代表建立起的量子力学体系也被称作"哥本哈根学派"，因为当时玻尔在哥本哈根大学建立的理论物理学研究所，是当时世界上研究量子力学的中心，代表了量子力学研究的最高水平。哥本哈根学派以波函数的概率解释、不确定性原理、互补原理等为核心建立起来的量子力学体系也被称作"哥本哈根诠释"，它经受住了时间的考验，至今仍是物理学家心目中量子力学的标准样式。

爱因斯坦虽然并不认同哥本哈根学派对于量子力学的诠释，不过爱因斯坦也无法找到切实能打败玻尔的科学理论，他和玻尔对于量子力学问题的争论直到二人去世也没有结论，并且二人的争论仅仅局限于思想实验和哲学思辨。显然这样的争

©玻尔和爱因斯坦

论很难有结果。在爱因斯坦等人发表了 EPR 佯谬的文章之后，随着时间的推移，物理学界对于量子力学这一基本问题研究的热度呈逐渐减弱的趋势，因为，对于隐变量问题的研究，实际上都是按照一个哲学问题来探讨的，不管是否有隐变量，其对于量子力学的继续发展和应用并不产生实际价值，不过，这一状况将在 1964 年发生改变。

二、帮倒忙的贝尔

爱因斯坦为了反驳以玻尔为代表的哥本哈根学派对量子力学的诠释，与波多尔斯基、罗森在 1935 年共同撰文提出 EPR 佯谬。爱因斯坦认为量子力学并没有为物理实在提供一个完整的描述，即量子力学是不完备的。他认为，一定还存在未知的变量影响微观世界状态，即隐变量。爱因斯坦的观点并没有说服玻尔，并且其所考虑的思想实验在当时是很难付诸验证的。由于爱因斯坦和玻尔的争论始终局限于哲学思辨，而没有得到实际的实验验证，因此很难得出一个让人信服的结论。不过，到了 1964 年，爱尔兰理论物理学家贝尔（J. S. Bell）提出了著名的贝尔不等式，将哲学思辨推进到实践检验，为解决量子力学完备性问题提供了一线希望。

1951 年，英国物理学家戴维·玻姆（D. Bohm）在《量子理论》中提供了一个新版本的 EPR 实验[①]——EPRB 实验。他在保持 EPR 思想实验精髓的前提下，

---

① 1951. Quantum Theory, New York: Prentice Hall. 1989 reprint, New York: Dover.

将连续变量（动量和位置）替换为分立变量（自旋），讨论了总自旋为 0 的双原子分子情况。在保持分子总自旋不变的条件下，将两个原子分开，如果沿 x 方向对 A 原子测量，会得到自旋态为 ↑，那么对 B 原子同样沿 x 方向进行测量，得到的结果一定是 ↓。这样的测量结果总是 100% 关联。但是由于不确定性原理，如果对 B 原子选择沿其他方向如 y 或 z 进行测量，此时其自旋态测量结果就不可预知，为概率性结果（这里的 x，y，z 可以是任意的三个方向）。采用分立变量替换连续变量，不仅更直观，而且更容易进行数学处理，EPRB 实验也更易实现。实际上，爱因斯

戴维·玻姆

坦构想的连续变量的 EPR 悖论实验直到 1993 年才得以实现，我国量子光学先驱、山西大学光电研究所彭堃墀院士为该实验的顺利进行做出了重要贡献。[①]

贝尔则从玻姆的 EPRB 实验讨论中获得灵感。他从 1960 年起就在欧洲核子研

1982 年，贝尔在 CERN 讨论量子力学

---

① Ou Z Y, Pereira S F, Kimble H J, et al. Realization of the Einstein-Podolsky-Rosen paradox for continuous variables. Phys Rev Lett, 1992, 68 (25)：3663-3666.

究组织（CERN）工作，主要研究方向为粒子物理学和高能加速器设计，而基础量子理论的研究则是业余爱好。他是爱因斯坦的忠实粉丝，同样认同爱因斯坦的观点，认为量子力学并不能完整描述世界。为给隐变量提供切实的实验证据，他考虑将两个相互纠缠的电子分隔的距离足够远，并分别测量两电子 A、B 的自旋。贝尔从理论上证明，无法构建一种可以同时沿多个方向对粒子测量的自旋探测器，因此，对于两处的电子，只能对其沿一个方向进行测量，不过测量的方向不再是固定的同向，而是二人分别相互独立、随机选择方向进行测量。贝尔在实在性和定域性的双重假定下，通过分析隐变量和量子力学两种情况下粒子的相关性建立了贝尔不等式：$|P(x,y)-P(x,z)| \leqslant 1+P(y,z)$。其中 $P(x,y)$ 代表 A 沿 x 方向，同时 B 沿 z 方向多次测量获得的平均值，$P(x,z)$ 和 $P(y,z)$ 同理。同时，他提出贝尔定理：没有任何定域隐变量理论能够复制所有量子力学的预测。他进一步解释道："如果隐变量理论是定域的，那么它将无法和量子力学调和，如果它和量子力学一致，那么它就不会是定域的。这就是这个理论所表达的内容。"贝尔不等式在经典世界是严格成立的，但是如果微观世界确实如量子力学所描述的那样，该不等式则不再成立。因此，通过实验检验贝尔不等式是否成立就可以知晓爱因斯坦和玻尔孰对孰错，可惜此时，二人都已去世。

实践检验贝尔不等式的过程并不顺利。贝尔设想的实验条件限制较多，给实验的开展造成了困难。比如，他要求两处测量所选取的三个方向必须严格相同，即必须使用同一个坐标系。又如，他选取两电子的自旋单态作为研究对象，要求两电子在分离时严格按反向飞行。这些条件极其严苛，很难在现实中实现。为了将 EPR 佯谬真正付诸实践检验，1969 年，美国物理学家克劳泽（J. Clauser）、霍恩（M. Horne）、希莫尼（A. Shimony）和霍尔特（R. Holt）在贝尔不等式基础上，对其进行了拓展和推广，提出了更一般化的形式——以他们姓氏首字母命名的 CHSH 不等式：$|P(x,y)+P(x',y)+P(x,y')-P(x',y')| \leqslant 2$。其中 x, y 和 x', y' 分别是两处各自选取的坐标系。CHSH 不等式剔除了贝尔不等式的一些特殊限制，简化了实验实现条件，为即将实施的检验实验奠定坚实的理论基础。

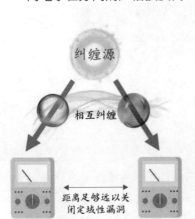

纠缠源

相互纠缠

距离足够远以关闭定域性漏洞

© 贝尔不等式检验示意图

理论上的讨论已经很充分，此时似乎只欠东风，然而即便如此，检验实验仍面临着巨大的困难。例如，按照贝尔最初的设想，两个观察者之间的距离必须能满足光从 A 地传播到 B 地所用的时间长于观察者测量并获得结果的时间，这样才能保证在完成测量前，粒子之间没有不超过光速的沟通和联系，否则无法排除存在不超过光速的隐变量。这就要求两粒子在保持纠缠状态的情况下，分隔的距离足够远。这也是检验实验必须排除的基本实验漏洞之一：定域性漏洞。此外，检验实验通过测量多组处于相互纠缠状态的粒子，才获得统计性结果，因此需要大量稳定的纠缠粒子对。而纠缠态极易受到外界干扰而坍缩，故长时间维持稳定的实验条件极其困难。由此看来，检验实验的成功进行有赖于实验技术的进一步发展。

另外，玻姆设想的粒子自旋实验虽然在形式上更加简洁，但对当时的实验技术而言，获得相距较远的实物纠缠粒子对（如电子、原子等有质量的粒子对）是极其困难的，事实上，此类实验直到近几年才得以实现。相较而言，获得相隔较远的纠缠光子对则容易很多。因此，早期的检验实验均利用光子的偏振态来完成。我们知道光的本质是电磁波，而电磁波是一种横波。所谓"横波"就是波的传播方向与振动方向是垂直的波，平常我们所见到的水波就是横波，引力波也是横波，而拉长的弹簧的振动是纵波。电磁波由电场和磁场组成，电场和磁场振动方向相互垂直，并且垂直于电磁波的传播方向，一般来说，电磁波的偏振方向是指电场的偏振方向。纵波不会有偏振现象。

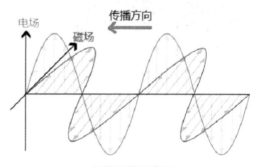

电磁波偏振示意图

在贝尔不等式诞生前，就已经有物理学家尝试探究纠缠光子之间的关联性。1946 年，物理学家惠勒（J. Wheeler）提出利用正负电子湮灭产生的纠缠光子对来验证 EPR 实验。正负电子湮灭产生纠缠光子的原理很好理解，由于电子具有质量，电子湮灭后，根据爱因斯坦的质能方程，丢失的质量就转化为了能量，以纠缠光子对的形式释放出来，不过，这个过程中产生的是能量较高的伽马射线。被誉为"东方居里夫人"的华裔著名物理学家吴健雄以及美国物理学家克歇尔（C. A. Kocher）等分别在 1950 年和 1967 年，利用不同方式产生的纠缠光子对进行了光子的关联性实验，虽然两组实验均符合量子力学所预言的结果，但仍无法否定存在隐变量。在吴健雄的实验方案中，纠缠光子对来源于正负电子湮灭，这样产生的高能的伽马射线能量较高，传统方式不能直接测量光子的偏振，而是采用康普顿散射间接获得偏振信息，这样做并不能获得较理想的实验结果。克歇尔等人的实验则是利用钙原子的级联辐射获得纠缠光子对，它的频率在可见光范围内，可利用标准的光学偏振片测量光子对的偏振。

◎吴健雄

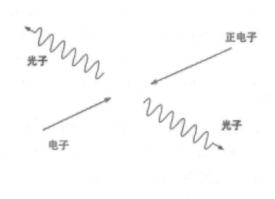
◎正负电子湮灭产生光子

　　在上述实验的基础上，克劳泽、霍尔特等人进一步不断改进实验设置，进行了一系列实验。这些实验均选择了纠缠光子对作为实验对象。然而在实验过程中，纠缠光子对的产生和发送非常不稳定，要么在大部分时间里不产生光子对，要么光子对在发送和探测过程中丢失。因此，受当时实验技术限制，研究者只获得了少部分纠缠光子对的实验结果，而丢失光子对的测量结果则无从知晓。这就是探测效率漏洞，要关闭它，必须尽可能探测到更多的纠缠光子对。理论计算表明，探测到的光子对数需要超过总数的 2/3，这个数值即使是对当前的实验技术而言也是不易的。在早期的检验实验中，由于实验设置不完美，甚至还出现了矛盾的结果。

　　第一个被学术界认为较为靠谱的贝尔不等式检验实验是由法国物理学家阿斯佩（A. Aspect）完成的，这是他博士论文的研究方向。从 1981 年到 1982 年，他连续发表了三篇检验论文。他在前人实验基础上，对实验设置进行了一系列改进。首先，使用更高效的纠缠光子源和设置双通道探测系统提高了探测效率，进而获得更精确且更有说服力的数据。其次，将两个纠缠光子分别发送到一个巨大房间的两端，房间两端的距离为 12 米，使得两个纠缠光子之间的沟通联系至少需要 40 纳秒，这个时间长于测量并获得结果的时间，从而关闭定域性漏洞。

贝尔理论中另一个重要前提就是两端的探测过程必须相互独立、毫无关联，探测方向的选择必须"自由且随机"。正如贝尔指出的那样："这些仪器的设置足够提前，使它们能够通过以小于或等于光的速度交换信号而达到某种相互关系。"

玻姆及其学生以色列物理学家阿哈罗诺夫（Y. Aharonov）在 1957 年发表的文章中，就曾设想纠缠粒子在飞行过程中，测量方向仍在改变。贝尔认为这点对实验设置而言极其重要。不过，在所有早期的实验测量方案中，每次实验选取的测量方向都是提前设置好且不变的，这就导致了自由选择漏洞。

阿斯佩的检验实验第一次试图解决自由选择漏洞。为此，阿斯佩在实验过程中通过声光调制技术改变光路，使其按 50 兆赫兹的频率周期性变化，从而达到改变测量方向的目的，第一次实现变换方向的偏振测量。基于上述三个重要的实验改进，阿斯佩的实验结果最终证明贝尔不等式不成立，首次为量子力学提供了较为可靠的实验证据。虽然阿斯佩已尽可能关闭所有可能的漏洞，但在现在看来，受限于当时的技术，实验方案其

阿斯佩

实并不完美，仅关闭了定域性漏洞，而其他方面仍有所欠缺，特别是偏振方向的选择。周期性改变显然不能算是随机选择，因为之后的测量方向是可预测并且存在关联的，隐变量能根据预知的探测方向产生相应的测量结果。

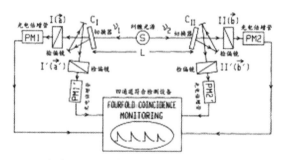

阿斯佩实验设置示意图（两端距离 L 为 12 米，C_I 和 C_{II} 是改变光路的开关，通过声光调制而周期性改变介质的折射率，从而改变光的传播方向。开关后面光路的两个方向分别设置了两个方向的检偏镜，检偏镜后方设置光电倍增管，将光信号放大后，送入符合检测设备）

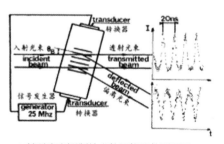

基于声光调制技术的切换器的原理示意图

◎伯特曼在展示其袜子　　◎伯特曼和贝尔夫妇，贝尔的夫人玛丽同样是高能物理专家

　　无论如何，阿斯佩的实验是迈向无漏洞检验的关键一步，对量子基础理论研究产生了重要影响。贝尔一直在关注阿斯佩的实验，1981 年，他撰写了题为"伯特曼的袜子和现实的本质"的文章。该文不仅取了一个非常特别的题目，并且采用幽默的方式来探讨量子纠缠。伯特曼是贝尔的 CERN 同事，二人既是工作上的密切合作者，也是生活中的密友。伯特曼有个非常古怪的习惯，双脚从不穿相同颜色的袜子。贝尔在文中将这一习惯与 EPR 思想实验做比较。在没有掀开伯特曼的裤脚看双脚袜子时，袜子的颜色是不可预期的结果，但是一旦发现其中一只袜子为粉色，那么就可以确定另一只的颜色一定不是粉色。这个例子中，袜子颜色的选择纯粹是个人的喜好，并没有什么奥妙，但对实验中的现象而言，不能对不同的光子对偏振进行类似的简化。同时，贝尔对阿斯佩的实验进行了分析，并且表达了当时学界比较认可的观点："我很难相信在低效的实验设置下，能够和实验结果符合得很好的量子力学会在更加完美的实验设置中失效。"这是研究人员对量子力学的信仰，就连最初站在爱因斯坦一方的贝尔，此时也坚定地站到了玻尔这边。

　　彼时检验实验的漏洞可以总结为三个，分别是定域性漏洞、探测效率漏洞以及自由选择漏洞。随后的几十年中，随着量子调控技术不断进步，特别是单粒子水平的量子调控技术的发展，使得更加完美的实验验证成为可能。为提高探测效率，研究人员改用囚禁在阱中的原子、离子或超导线路等实物粒子替代光子作为实验对象。早期实验中，纠缠物质之间的距离只能达到几微米，较短的距离显然无法关闭

蔡林格教授手持德国艺术家安德里亚（Julian Voss-Andreae）制作的雕塑，安德里亚同时也是蔡林格教授的学生

定域性漏洞。不过很快，新量子调控技术的出现为远距离的物质纠缠提供了可能。1993 年，波兰理论物理学家马雷克·茹科夫斯基（Marek Żukowski）以及奥地利维也纳大学蔡林格（A. Zeilinger）① 等人提出纠缠交换的概念。纠缠交换是指通过一定的量子测量过程，可以将一对相互纠缠粒子 A 和 B 之间的纠缠状态传递给了 A 和 C。1998 年，蔡林格团队完成了纠缠交换的实验验证。另外一项重要进展是实现了单粒子水平的光子与物质粒子的纠缠。2004 年，美国密歇根大学的克里斯托弗·门罗（Christopher Monroe）第一次直接观测到单个原子和单个光子的纠缠。通过实验调控，他实现了镉离子的超精细能态与一个光子偏振态的纠缠，由此光子就可作为一个天然的通道，将纠缠态传递给另一个实物粒子。2007 年，门罗利用纠缠交换实现了相距 1 米的两个镱离子（Yb+）的纠缠。另外，在所有进展中，最为直接的关闭探测效率漏洞的是单光子探测器探测效率的提升，截至 2013 年，新型单光子探测器的探测效率已超过 90％。实验技术的进步为完美的贝尔检验奠定了坚实基础。

---

① 蔡林格教授是奥地利科学院院长、世界知名的量子物理学家，在量子信息技术领域完成很多开创性的成果，探讨多粒子纠缠的 GHZ 定理就是以他名字的首字母来命名的，他还首次在实验上验证了量子隐形传态。蔡林格教授也是我国著名量子物理学家潘建伟院士在奥地利攻读博士时的导师。

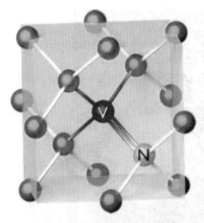

金刚石色心示意图，图中绿色为碳原子，黄色为氮原子，紫色为空穴，缺失一个原子位置

2015 年，四个团队先后宣布完成无漏洞的贝尔不等式检验，实验结果正如贝尔所说，在更完美的实验设置下，量子力学依旧经受住了考验。四个团队分别为荷兰代尔夫特理工大学汉森（R. Hanson）团队、蔡林格团队、美国国家标准与技术研究院沙尔姆（L. K. Shalm）团队以及慕尼黑大学哈罗德·温富特（Harald Weinfurter）团队。

汉森团队以贝尔最初构想的纠缠电子对作为实验对象。两个电子分别在校园内相距 1280 米 A、B 两处实验室里金刚石的氮空穴色心 [①]（nitrogen-vacancy center）处，这一距离对应 4.27 微秒的时间窗口。为保证两实验室间没有不超过光速的隐变量影响实验结果，两地所有的检测过程时间（包括测量方向选择和测量时间）均不超过这一窗口时间，从而关闭定域性漏洞。为使 A、B 两处电子实现纠缠，汉森团队先将两处实验室的单个电子与一个光子纠缠，随后将两处的光子发送到 C 处，使用纠缠交换技术将光子与电子之间的纠缠转移到 A、B 两处两电子之间。由于光子在传输过程中极易丢失，因此这样的实验方案获取纠缠电子对的效率极低，每小时只能获取几对纠缠电子对。经过数周努力，汉森团队最终完成了实验。

蔡林格团队和沙尔姆团队则采用了更高效的纠缠光子发生源、更快的随机测量设置以及更高效的光子探测器完成检验实验。2017 年，温富特团队采用和汉森团队类似的实验设置完成了贝尔检验实验，区别在于将电子换成铷原子，得益于原子与光子纠缠交换等技术的进展，成功实现相距 398 米的两个铷原子纠缠，完成检验实验。该成果发表在 2017 年。

虽然相关论文题目直接且醒目地标明了这些是"无漏洞"的检验实验，但是严

---

① 金刚石的 NV 色心是指：在金刚石晶体结构内部，一个碳原子被氮原子（N）取代，并且相邻的晶格点位留空（vacancy, V），电子就处在留空的位置。当照射绿光时，NV 色心系统将辐射红色的荧光。我们可以把 NV 色心系统看成一个原子，通过探测其发出的荧光可以检测其自旋状态，同时它也有塞曼效应，使其成为天然的磁场传感器。基于以上特点，NV 色心系统可以广泛地应用于量子科技。

荷兰代尔夫特理工大学校园航拍图，展示了 A、B、C 三个地点的距离

格来讲，它们只是关闭了探测效率漏洞和定域性漏洞，并非完全无漏洞，对于自由选择漏洞所带来的影响则没有仔细讨论，之后的论文都没再提及"无漏洞"。在早期的贝尔检验实验中，研究人员的关注点更多集中在定域性漏洞和探测效率漏洞，自由选择漏洞没能引起足够重视，并且在很多实验中通常被直接默认为自由选择，对其很少有更深入的讨论和质疑。正如贝尔在论文中表述的那样："人们认为测量仪器的设定，在某种意义上是自由变量——这其实是实验者的主观臆断——或者在任何情况下都不会被过去光锥的重叠部分决定。"实际情况却截然相反，最新理论计算表明，即使非常小哪怕只有 1/22 比特的关联信息，都会对检验实验产生决定性影响。因此，最近几年，关于自由选择漏洞的理论和实验研究受到了更多关注。

LETTER

doi:10.1038/nature15759

Loophole-free Bell inequality violation using electron spins separated by 1.3 kilometres

B. Hensen[1,2], H. Bernien[1,2]†, A. E. Dréau[1,2], A. Reiserer[1,2], N. Kalb[1,2], M. S. Blok[1,2], J. Ruitenberg[1,2], R. F. L. Vermeulen[1,2], R. N. Schouten[1,2], C. Abellán[3], W. Amaya[3], V. Pruneri[3,4], M. W. Mitchell[3,4], M. Markham[5], D. J. Twitchen[5], D. Elkouss[1], S. Wehner[1], T. H. Taminiau[1,2] & R. Hanson[1,2]

PRL **119**, 010402 (2017)　　PHYSICAL REVIEW LETTERS　　week ending 7 JULY 2017

Event-Ready Bell Test Using Entangled Atoms Simultaneously Closing Detection and Locality Loopholes

Wenjamin Rosenfeld,[1,2,*] Daniel Burchardt,[1] Robert Garthoff,[1] Kai Redeker,[1] Norbert Ortegel,[1] Markus Rau,[1] and Harald Weinfurter[1,2]

汉森团队发表在《自然》杂志上的文章，标题中直接标明"无漏洞"（Loophole-free），而哈罗德教授团队在 2017 年发表的相关文章中，则只是标明同时关闭了探测效率漏洞和定域性漏洞立足技术层面，定域性漏洞和探测效率漏洞可以完美规避，但是自由选择漏洞涉及更复杂的理论问题，因而从理论角度看很难完全关闭。通常有两种获取随机数的方法，一种是利用电脑运行一个算法，以计算的方式获取；另一种是通过对一些看似随机物理过程进行测量来获取，如电子组件的噪声。但是无论哪种方法，即使使用更复杂的算法或更庞大复杂的物理系统，都逃离不了经典物理系统决定论的本质，所产生的随机数只能算是伪随机数。因此，在经典物理学决定论的框架下，很难获得真正意义上的随机数，只能是无限接近真随机。在日常的应用中，这样的伪随机已经足够，但在贝尔检验实验中，却令人头疼。

那么，有无办法解决呢？如果假定量子力学正确无疑，那么利用量子理论中测量过程中导致的波函数坍缩的随机性，就可以获得真正的随机数。1998 年，蔡林格团队首次运用量子随机数发生器完成贝尔检验实验，结果同样证明贝尔不等式不成立。然而，这个检测实验存在逻辑谬误，因为实验的重要前提是量子理论正确，如果存在隐变量，量子理论的随机性则不复存在，从而陷入用量子理论本身去证明量子理论的死循环。因此，这样的随机数实际上并不能用于贝尔检验实验，只能寻求其他方式来获取随机数。

为尽可能获取完美的随机数，研究人员提出两种实验方案。一种是利用人类的自由选择产生随机数，此方案最早由贝尔在 1970 年提出，但前提假设是人类必须有自由意志，然而人类是否拥有真正的自由意志仍是悬而未决的难题。2014 年，中国科学技术大学潘建伟团队首次实现基于人类自由意志的贝尔不等式检验实验，之后进一步联合世界上十多个研究团队完成大贝尔实验（the Big Bell Test），两项成果发表于 2018 年。为获得更可靠的随机数，大贝尔实验在全世界招募了 10 万名志愿者。2016 年 11 月 30 日，全世界的志愿者随机输入数字，从而获得基于人类自由意志的随机数。随后，这些随机数被用于世界各地研究团队的贝尔检验实验中。

©大贝尔实验官网截图

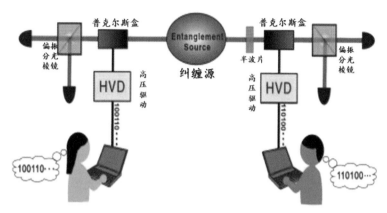

潘建伟团队实现的基于人类自由意志的贝尔检验实验示意图（人类在电脑中随机输入数字，随后将信号通过高压驱动进行放大后送入普克尔斯盒，普克尔斯盒会随着电压的变化而改变折射率，从而改变光路方向，实现测量方向的改变）

　　另一种则是利用遥远星体发射的星光，由其偏振、波长和到达地球的时间等参数的随机性来构造随机数。此方案最早由美国麻省理工学院物理学家、科学史家凯泽（D. Kaiser）等于 2014 年提出。2017 年，仍是中国科学技术大学潘建伟团队首次实现基于探测遥远星光的随机数产生器，为进一步开展贝尔检验实验奠定基础。同年，蔡林格团队首次完成利用星光随机数的贝尔检验实验，星光来自离地球 600 光年以外的银河系星体，即使纠缠粒子对两侧存在关联，也要追溯到数百年以前。要获得关联程度更低的随机数，可选择更遥远的星光生成随机数。次年，蔡林格团队利用数十亿年前发射的星光的波长生成随机数进行了检验实验，进一步将关联时间至少推进到 78 亿年以前，要知道宇宙的年龄只有 138 亿年。

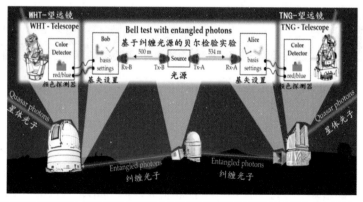

蔡林格团队基于星光的贝尔检验实验示意图（望远镜将探测到的遥远星光送入颜色探测器以测定星光的颜色，随后根据光的颜色的不同，来决定测量方向的选择）

　　尽管科学家们竭尽全力去关闭所有可以想到的漏洞，以期获得一个完美的结论，然而彻底关闭所有漏洞只是人类的一厢情愿，"没有一个实验，无论其宣称多么完美，可以说是完全无漏洞的"，所能做的只能是尽可能去接近完美，但终究无法达到。从相对论的因果律角度审视，人类的自由意志和随机性可能根本不存在。世界的万事万物都可以追溯到同一过去——宇宙大爆炸。从这个意义上讲，世界上任何两个事件都不能说不存在任何关联。那么，这是否意味着贝尔不等式是一个无法验证、形而上学的问题？贝尔这样回答："太丢人了，我被放置到了一个形而上学的位置！但是，在这个过程中，对于我来说，我只是在追寻我的理论物理专业。"即使不能百分百说量子力学理论是无懈可击的，但是有理由相信它是一个无比正确的理论，快速发展的颠覆性科技——量子信息科技，正是基于量子力学中的量子纠缠等效应发展起来的，比如，量子计算的并行计算、量子通信的绝对安全性等。

◎ 位于河北兴隆县的"墨子号"地面观察站　　◎《科学》杂志封面刊登潘建伟院士团队的相关研究成果

　　尽管不能完全关闭所有漏洞，阿斯佩仿照贝尔表达了自己的观点："我只是在追寻我的实验物理的专业。"不完美并不妨碍科学家们尽可能去尝试更多更完善的方法检验量子力学理论。在各国科学家进行的多项开创性尝试中，潘建伟院士团队取得的研究成果令人瞩目。2013年，团队首次测量了纠缠关联的波函数坍缩速度下限，经测量得知，量子纠缠关联的速度至少为光速的1万倍（理论上，纠缠的关联应该是瞬时的，速度无限大）。2017 年，团队以"墨子号"量子科学实验卫星作为中介，将两个相互纠缠的光子分发到相距 1203 千米的两地，实现了最远距离的贝尔检验实验，其意义非凡，因为非定域性要求纠缠可以无视距离。2019 年，团队利用"墨子号"验证了地球的引力场对量子纠缠的影响。

三、复数：大自然最隐秘的奥秘

量子力学理论中还有一个和宏观世界经典物理学理论非常重要的区别，并且这个区别同样也是量子力学基础理论中一个非常耐人寻味的内容。从牛顿时代开始，物理学家开始使用数学来描述世界。最早，物理学家仅仅是用数学来描述物理学过程，数学可以说只算是一种工具，通过数学运算来更为精准地描述物理的运动状态。然而，随着物理学的继续发展，特别是量子力学理论体系的建立，数学已经不仅只是作为一种服务物理学的工具了，而是一种和物理学可以对等的关系。物理提供给了人类一种认识大自然的方式，而数学作为一种缺乏形象化的学科，其提供给了我们另外一个视角去认识世界。

这一点，从量子力学的奠基人海森堡建立矩阵力学的过程中可见一斑。海森堡并不试图去描绘原子内部到底是什么样子的，也就是说并不去讨论原子内部具体的物理图像是什么，而是仅是靠可观测的量，建立非形象化的数学矩阵来描述原子，因为，海森堡认为数学就能说明一切。不确定原理实际上也是来自对于误差不等式的分析。杨振宁在谈到数学和物理的关系时，曾提出了双叶理论来描述数学和物理的关系。杨振宁

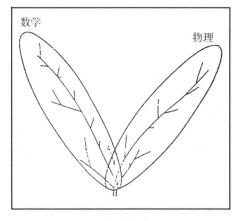

双叶理论示意图

把数学和物理形象的比作一枝上分出的两片叶子，两片叶子各自伸向不同的方向，仅有很少一部分重合。杨振宁解释说："它们有各自不同的目标和价值判断准则，也有不同的传统。在它们的基础概念部分，令人吃惊地分享着若干共同的概念，即使如此，每个学科仍旧按着自身的脉络在发展。"

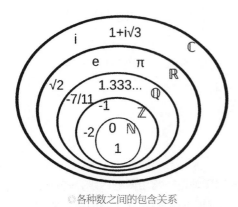

◎各种数之间的包含关系

在数学上，可以有各种各样的数，如图所示展示各种数之间的关系。图中最小的圈 N 代表自然数（N=0，1，2…），自然数可以简单地理解为是我们平常使用最多用来计数的数；图中 Z 代表所有整数（Z=…−2，−1，0，1，2…），相比于自然数，整数还将负数囊括了进来；更大的圈 Q 代表有理数，有理数不仅包含了整数，还包含了分数，也就是可以写成两个整数比的数（$\dfrac{A}{B}$，$B \neq 0$）。

◎毕达哥拉斯学派庆祝日出

更大的圈 R 代表实数，相较于有理数，实数还囊括了无理数。所谓"无理数"，就是实数中除了有理数以外的其他所有实数，或者也可以用无法用两个整数的比来表示的数来定义。有理数和无理数还可以用写成小数的形式来区分，有理数写成小数后，一定是有限的小数或者是无限循环的小数，而无理数的话则是无限不循环的数，比如我们熟悉的计算圆的面积和周长的数学常数 π、黄金分割比 φ 以及 $\sqrt{2}$ 等等。实际上，所有自然数的平方根，除了能开方开尽的，其他的都是无理数，而实数当中，几乎都是无理数。德国数学家乔治·康托尔证明实数不可数，也就是无穷多，而有理数可数。无理数最早是由古希腊的哲学家希帕索斯发现，他用几何的方法证明 $\sqrt{2}$ 无法用整数分数来表示，并且将这一发现公之于众，从而引发了第一次数学危机。然而，由古希腊哲学家毕达哥拉斯创立的毕达哥拉斯学派认为"万物皆数"，所有的数都应该能够被写成整数之比，也就是不存在无理数这样的数。毕达哥拉斯学派类似于一个宗教团体，他们认为数是神的语言。因此，希帕索斯的行为在毕达哥拉斯学派看来是亵渎了神灵，据传说，毕达哥拉斯学派判决将希帕索斯扔到海里淹死。

最大的圈 C 则代表复数，也就是我们现在认知体系所包含的所有数的最大集合。复数可以表示为 $a+bi$，式中的 a 为复数的实部，bi 为复数的虚部。可以将复数画到一个由实轴和虚轴组成的复平面上，任何一个实数都可以在实轴上找到其对应的点，纵轴则是实数 a 乘以一个虚单位获得的虚部，和实数轴上的实数对应，虚轴上的数也可以叫作虚数，如图所示。因此，实数实际上就是复数中虚部为 0 的特殊情况。

复平面

常识告诉我们实数和虚数的最核心的区别就是平方后的值，实数不论是正数还是负数平方后得到的数始终是正数，而虚数作平方后，则要添加一个负号，也就是说 $i^2=-1$。这是我们常识对于虚数的认识。对于宏观世界来说，实数实际上已经足够用，因为在经典物理学当中，实数可以完整地描述所有经典物理量。那么虚数是怎么来的呢？为什么需要这样一种数呢？这个问题要从数学的发展史中寻找答案。

16 世纪，意大利数学家吉罗拉莫·卡尔达诺在其 1545 年出版的《伟大的艺术》（The Great Art）一书中提到了一个问题：能否把 10 分成两部分，使它们的乘积为 40？这个问题可以写成一个方程组：$\begin{cases} x+y=10 \\ xy=40 \end{cases}$，求解这个方程组，实际上就是要解 $x^2-10x+40=0$，这样一个一元二次方程的解。然而，这个方程的判别式 $\Delta<0$，中学的数学知识告诉我们这样的方程是没有实数解的，根据求根公式，在结果中会出现负数的平方根，这样在只有实数的情况下，此方程是无解的。虽然，在求解一元二次方程时，负数开根号的问题并不影响计算过程，但是，在解一元三次方程时则

◎左图为吉罗拉莫·卡尔达诺；右图为《伟大的艺术》的扉页

会出现问题，当 $\varDelta<0$ 时，方程会有三个不等的实数根，当按照求根公式求解时，会遇到负数开根号的问题。

书中，卡尔达诺还对一元三次方程和一元四次方程的解法进行了讨论，并且在前人研究基础上，卡尔达诺第一次公开发表了一元三次方程和一元四次方程的一般解法，并且构想了虚数。不过，他对于虚数的理解是浅显的，并且没有作进一步讨论。卡尔达诺的《伟大的艺术》是文艺复兴早期较为重要的一本科学论著，其与哥白尼在1543年出版的《天体运行论》齐名，正是在这本书中哥白尼开创性地提出了日心说。

第一个对虚数的运算规则进行翔实讨论的是意大利工程师兼数学家拉斐尔·邦贝利。1572年，邦贝利在其《代数学》一书中，第一次大胆地讨论了负数的平方根，详细明确地定义了区别于实数的复数的运算规则。邦贝利认为虚数对于求解三次和四次方程至关重要，并在其书中运用新的计算规则求解了三次方程。由于邦贝利对于复数计算的贡献，他本人也被认为是复数的发明者，数学家们第一次认识到了复数对于数学发展的重要性。

虽然，对于复数的研究已经取得了一定的进展，但是实际上在当时来说，学术界仍旧对于复数不置可否，特别是仍然没有对开负号所得的根，赋予一个统一的名称和符号。"虚数（Imaginary number）"一词，直到 1637 年，勒内·笛卡儿才在其著作《几何学》中提出。笛卡儿首次将负数的平方根称为虚数，与实数相对应，虚数意味着虚构的、不存在的数。著名数学家莱布尼兹则直接称虚数为"介于存在和不存在之间的两栖物"。在《几何学》中，笛卡尔还首次引入了直角坐标系，也就是我们现在熟知的笛卡尔坐标系。

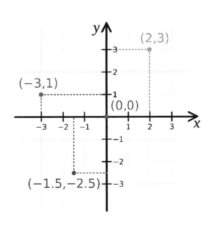

拉斐尔·邦贝利的《代数学》

◎笛卡尔与其坐标系

虚数的虚单位符号，则最早是由瑞士的数学家和物理学家莱昂哈德·欧拉引入并使用的。1777 年，欧拉第一次用虚单位来表示 –1 的平方根。欧拉对于数学符号的引入和推广做出了非常多的贡献，他不仅引入了虚单位，他还引入了"函数"的概念，并且第一次将函数写成我们所熟知的 $f(x)$ 的形式。他还引入了希腊字母 Σ

◎欧拉以及第六版 10 元瑞士法郎正面欧拉的肖像

表示累加，推广了用希腊字母 π 来表示圆周率，这些符号的使用方式至今仍是数学上的标准用法。另外，欧拉于 1748 年在其著作《无穷小分析引论》中建立了欧拉公式 $e^{ix}=cosx+isinx$，将三角函数与复指数函数关联了起来，简化了三角函数的计算，并将三角函数的周期性引入到了指数函数当中。式中的 e 是自然常数，也被称作"欧拉数"，是一个和圆周率 π 一样非常重要的常数，并且同样是一个无限不循环的无理数。不过，欧拉对于复数的态度仍然是不置可否，他认为："它们（虚数）既不是什么都不是，也不比什么都不是多些什么，更不比什么都不是少些什么。它们纯属虚幻。"欧拉公式建立起的三角周期函数和复指数之间的关系，在随后的数学和物理学的发展中将扮演极其重要的角色，特别是在量子力学中将起到重要作用。因此，著名理论物理学家费曼将欧拉公式称为"我们的珍宝""数学中最非凡的公式"。数学家们则将欧拉公式称为上帝创造的公式。欧拉公式的重要性可见一斑。

对于复数的另一个极其经典的应用是傅里叶变换。1807 年，法国数学家傅里叶研究发现，一个复杂的周期函数可以分解为一系列正弦波和余弦波的叠加，如图所示。同时，由欧拉公式建立起的三角函数和复指数联系可知，复杂的周期函数同样也可以表示成复指数的形式。1822 年，傅里叶出版了《热的分析理论》，该

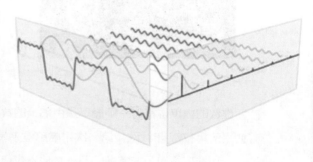

◎红线为原始时间域的信号，蓝色曲线为分解的波形，蓝色直线为频率域信号

书被学术界认为是数学应用于物理学里程碑式的著作，书中第一次描述了傅里叶变换。通过对函数乘以一个复指数，就可以实现函数在时域和频域之间的转换，如图所示的右侧蓝色直线。傅里叶变换的一个重要应用就是信号处理，就像化学中分析物质成分一样，傅里叶变换可以帮助我们对信号进行处理分解，从而确定信号的成分。

$$f(x) = \int_{-\infty}^{\infty} \hat{f}(\xi) e^{2\pi i \xi x} d\xi，\ x\ 代表时间域；\xi\ 代表频率域$$

为了能进一步地推广复数的应用，德国数学家高斯对于复数的应用进行了总结，并给出了复数的几何解释，把复数与复平面一一对应起来，如前文图中所示。实数是一维数，其只有实数轴上移动的自由度，复数的形式为 a+bi，其中 a 为复数的实部，b 为复数的虚部，相当于增加了额外的一个自由度，从实数域拓展到了复数域，移动自由度由一条线，变成了二维的由实数轴和垂直于实数轴的虚数轴构成的复平面。

随着学术界逐渐接受了复数这一概念，更多的数学家对于复数的应用进行了大量的研究，比如提出了著名的莫比乌斯带的德国著名数学家莫比乌斯（August Möbius）。更多的研究不仅奠定了复数在数学中的地位，还使得复数在更多的领域开疆扩土。复数可以方便而简洁地描述物理量中的周期、相位、振幅等信息，而这些信息对于物理学，特别是量子力学来说极其重要。在经典物理学中，复数的使用可以很大程度上简化

◎莫比乌斯带

计算过程。比如，在处理交变电路时，可以将电压、电流、阻抗等物理量表示为复数的形式，然后按照复数的运算规则进行运算，最后取实部或者虚部就可得到最终实数结果。此外，复数还在医学、通讯、金融、天文学等众多领域都扮演着重要的角色。

不过，虽然复数被广泛地应用于众多领域，但是实际上复数始终在各个领域仅仅扮演着工具的角色。在数学上，虚数最初只是作为工具引入数学计算，并没有实际意义。正如解一元三次方程那样，想得到最终的实数解，使用虚数能够非常方便地获得计算结果。在经典物理学中，实数可以完整地描述所有的经典物理量，大部

分场景都只需要实数即可，或者即使需要复数，复数也仅仅是作为一种数学工具，其只存在于计算过程当中，能够快捷地帮助我们获得计算结果，而并没有任何实际的物理意义。正如法国数学家雅克·阿达马所描述的那样："在实数域，连接两个真理的最短路径是通过复数域。"

然而，到了 1926 年，在量子力学的发展过程中，数学一直扮演着一个非常核心的角色，特别是量子力学中对于复数的使用，可以说将数学和物理的关系，展现得淋漓尽致。随着量子力学理论的建立和发展，复数已经不仅只是作为一种工具来使用，而是以第一原理的形式引入到量子力学理论当中去。所谓第一原理就是指复数已经被定义为建立量子力学理论体系的基础。正如杨振宁所描述的那样："虚数以一种基本的方式被引入物理学。"[①]

量子力学中几个核心原理的方程均含有复数，比如，薛定谔方程的形式为 $\hat{H}\Psi = ih\dfrac{\partial}{\partial t}\Psi$，海森堡的对易关系的形式为 $xq - qx = -i\hbar$。1925 年，海森堡运用傅里叶变换对两个可观测量空间变量和动量变量进行了比较，并对这两个可观测量的关系进行了讨论，这样就自然而然地将虚数引入到了不确定关系当中。而在薛定谔方程的建立过程中，薛定谔最初对于复数的使用是保守的，并且仍然将复数认为是为了计算方便的工具。薛定谔在 1926 年 6 月 6 日写给洛伦茨的信中明确地写道："这里令人不愉快的，甚至是直接反对的，是对于复数的使用。Ψ 从根本上来说，肯定是一个实函数。"薛定谔甚至为了不使用虚数，尝试着将复指数形式改为三角函数的形式。不过，最后，1926 年 6 月 23 日，薛定谔经过反复讨论，在寄给《物理年鉴》的文章中给出了薛定谔方程的形式。文章最后，薛定谔表示："这里使用复波函数，毫无疑问是粗糙的。如果这在原则上是不可避免的，而不仅仅是为了简化计算，这就意味着原则上有两个波函数，它们必须一起使用，以获得关于系统状态的信息。"

因此，海森堡、薛定谔等量子力学先驱们开始认识到，在量子力学当中，复数已经不仅仅只是个计算工具那么简单，而是描述物理世界所必需的且具有实际物理意义的。那么，复数到底有怎么样的物理意义？实际上，在谈到复数的意义时，物理学家也很困惑和苦恼。虽然，在当前的标准量子力学理论中，量子力学理论对于复数的使用不同以往，并赋予了复数如此重要的地位，但是复数在量子力学中仍是

---

① 杨振宁. 杨振宁文集 [M]. 上海：华东师范大学出版社，1998：636-650.

一个抽象的概念，物理学家并没有赋予其任何实际的物理意义，因为，实际可测的物理量仍然是用实数来描述的，复数并不能表示任何实际可测的物理量。

为了探寻复数在量子力学理论中所蕴含的奥秘，我们可以从复数在波函数中所起的作用来探讨。波函数可以简单地表示为：$\Psi(x,t)=\psi_E(x)e^{-iEt/\hbar}$。我们可以看到，在波函数中包含复指数的形式，由欧拉公式可知，复指数可以写成三角函数的形式。因此，复指数实际上就是一个周期性的函数。而周期函数的两个关键参数就是振幅和相位，如图所示为正弦函数和余弦函数的图像。振幅代表波动偏离中心的幅度，相位则代表了波动所处的振动阶段。波函数的振幅为ψ_E，由玻恩的概率解释可知振幅的大小决定了概率幅值，也就是决定了粒子某一时刻在某一位置出现概率的大小。而复指数或者我们也可以称作相因子$e^{-iEt/\hbar}$则代表了波函数相位的变化，其绝对值的大小并没有实际物理意义，并且不会影响概率值的大小的计算。

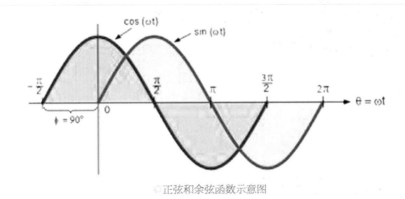

正弦和余弦函数示意图

单独考虑某一波函数的相位信息无法体现相位的重要性，量子力学中最为关键的是波函数的相位差信息。因为，相位差信息是量子相干性的来源，而量子的相干性，是微观世界区别于宏观世界的关键特征。如图所示，正弦函数和余弦函数的相

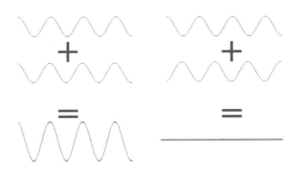

左图为干涉增强，右图为干涉相消

位差为 2 时，就会发生相干增强，而如果位差为时，则会干涉相消。双缝干涉实验所展示出干涉条纹，正是稳定的相位差所带来的。但是如果稳定的相位差被破坏的话，就不会产生稳定的干涉条纹，这样干涉现象就会消失，这一现象也被称作"量子退相干"。量子退相干是促使量子行为向经典行为转变的原因。正是量子相干性才造就了量子科技的强大颠覆性。当前，量子科技发展的一个急需突破的挑战就是如何阻止量子退相干行为发生。

从上文的分析中，我们可以看到，虽然我们无法明确阐明复数的物理意义，但是量子力学中的核心内容必然涉及复数。另外，杨振宁曾说道："20 世纪理论物理学的三个主旋律是：量子化、对称性和相位因子。"可以说，这三个主旋律其基本的架构都离不开复数的使用。

© 2017 年，杨振宁在山西大学作主题报告

对称性是我们生活中非常常见的一个现象，可以说，世界充满了对称性。如图所示，我们人体本身就是一个左右对称的结构；人类建造的很多建筑物同样也具有对称性，比如天坛、天安门等等；自然界中的雪花同样也是具有对称性。并且对称还有各种不同的对称性，除了最简单的左右对称性，还有旋转对称性，比如香港的紫荆花区旗，还有平移对称性，比如图中菱形栅栏等等。对于这些对称性图形，我

们平时可能已经习以为常，并且不会过多地注意，但是实际上这些视觉上的对称性对于我们来说是必不可少的，特别是一些建筑物和生物都是以对称性为美，否则我们的世界可能会变得光怪陆离。

各种图案的对称性

对称性不仅仅带给我们视觉上的美，实际上，对称性的重要性远不止于此，对称性更是现代物理学中的一个核心概念，正是对称性铸就了粒子物理学中的标准模型。物理学中的对称性，可以简单地认为是将研究对象进行某种变换后，其变换后的状态和原来状态是等价的。经典物理学中的伽利略变换就是一种对称性变换，伽利略变换的实质就是改变研究对象的参考系，并且两个参考系之间的相对速度是匀速的，如图所示。在

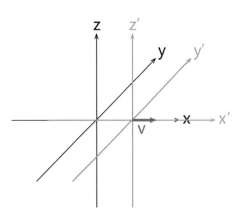

相对速度为匀速 v 的两个参考系

电磁学中还有洛伦茨变换，在规范场论中，还有更为复杂的规范变换。粒子物理的标准模型建立在量子力学和相对论的基础上，统一了电磁相互作用、强相互作用和弱相互作用，并且每种相互作用都有相应的对称变换，唯有引力相互作用还未被纳入其中，后文还将会继续探讨。

20 世纪初，爱因斯坦先后提出了狭义相对论和广义相对论，相对论和量子力学共同构成了现代物理学的基础。在经典的牛顿物理学中，时间是绝对的，空间距离也是绝对不变的。狭义相对论则改变了牛顿经典物理学时代的绝对时空观。麦克斯韦在预言电磁波的同时，通过求解麦克斯韦方程组，计算得出电磁波的速度为光速，并且光速并不依赖于参考系选择，这一点也被后来的迈克尔逊 – 莫雷实验所证实，这就是光速不变原理。平常我们所指的运动或者静止，实际上都是指相对于某一参考系而言的，如果抛开参考系，运动或者静止我们便无从谈起。比如，当某人坐在教室上课，我们会理所当然地认为这个人是静止坐在座位上的。不过，这里所指的静止，实际上是指这个人相对于教室，或者说是相对于地球是静止的。但是，地球实际上时时刻刻都在自转，自转速度达到了 1670 公里 / 小时。并且地球在自转的同时，还在绕着太阳公转，公转的速度更是达到了 11 万公里 / 小时。这样看来，这个人所谓的静止，如果观察者站在了太阳上来观察，那么这个"静止"的人正以 11 万公里 / 小时的速度在高速运动。因此便有了运动是绝对的，静止是相对的这种说法。然而，光的速度却并不会随着于参考系的变化而改变。

光速不变原理是狭义相对论的基本出发点之一，这一原理改变了传统的经典时空观，是相对论时空观发展的基础。在相对论的时空观下，会出现"尺缩"和"钟慢"效应。相对于测量物体高速运动的观察者测得的长度会短于相对于物体静止的测得的结果，这就是"尺缩"效应；一个高速运动的人所携带的时钟，相对于静止的人身上的时钟会变慢，这就是"钟慢"效应。不过，"尺缩"和"钟慢"效应，依赖于观察者的速度，速度越是接近光速，两种效应越发明显，如果速度远小于光速，那么经典时空观也足够用，这就是光速不变原理所引发的时空观革命。

狭义相对论还指出光速是宇宙中最快的速度，任何物质和信息的传播速度都无法超越光速。同时，在狭义相对论的框架下，空间和时间不再是独立的而是可以用一个统一的四维时空来描述，这个四维时空也被称作"闵可夫斯基时空"，以德国著名的数学家赫尔曼·闵可夫斯基来命名。1908 年 9 月 21 日，在德国科隆举行的第 80 届自然科学家会议上闵可夫斯基作了题为"空间和时间"的报告。在报告中，闵可夫斯基在我们熟悉的由 x，y，z 轴构成的三维时空间（也被称作"欧几里得空间"）基础上，添加了额外的一个包含虚时间的虚维度，构建了含有虚坐标的四维时空。由于赋予了时间轴以长度的量纲，就好像将时间尺度变为一个虚的空间尺度。在新的时空观下，就可以构建如图所示的光锥。纵轴为时间轴，观测者在原点 A 处，向上是未来，向下代表过去。由于光速是最大速度，光锥的内部代表能够和观测者产生影响的时空，光锥外部则是禁区。此处，再一次出现了虚数的身影。

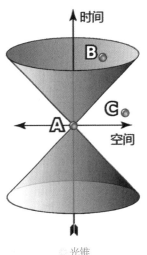

◎ 光锥

在狭义相对论基础上，爱因斯坦于 1907 年至 1915 年进一步发展了广义相对论。广义相对论改变了人类对于万有引力的认识，将引力描述为时空的弯曲，开创了物理学的几何化。如图所示，太阳的存在，会造成周围时空的弯曲，而时空的弯曲则导致地球绕着太阳旋转。这样的情形就和一个球放在蹦床上一样，由于球的重量会导致蹦床下陷，如果旁边再有一个小球的话，那么就会受到变形的碰床的影响。正如物理学家惠勒所描述的那样："时空告诉物质如何运动，物质告诉时空如何弯曲。"1915 年，爱因斯坦在普鲁士科学院的发言中，基于闵可夫斯基的四维时空提出了广义相对论的爱因斯坦引力场方程：$R_{ab} = \frac{1}{2} Rg_{ab} = kT_{ab}$，式中 R_{ab} 为二阶里奇曲率张量，g_{ab} 为二阶时空黎曼度规张量，物质分布的能量动量张量。当然，爱因斯坦的场方程中的时间维度使用的同样是含有虚单位的虚时间。爱因斯坦的场方程将物质的能量、动量与时空曲率联系在了一起。

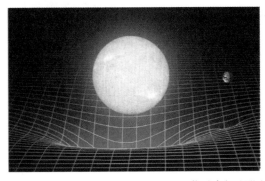

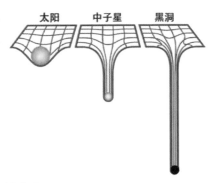

◎ 物质改变了周围时空曲率

爱因斯坦的理论开创了相对论宇宙学。20 世纪前，牛顿的万有引力定理可以很好地描述我们对于天体运动观测到的一些数据，比如，牛顿的理论预言行星绕恒星的运动轨道是椭圆。但是，牛顿的理论实际上是比较粗糙的。相对论诞生后，更多的新奇宇宙效应被预言。比如，引力会导致引力红移，当光线从太阳发射出来，在远离太阳的过程中，由于太阳引力的作用，光线的波长会逐渐被拉长，如图所示；引力还会导致引力透镜效应，传播的光线在靠近大质量天体时，会由于引力作用，导致传播路径会弯曲，这就好像凸透镜可以对光线产生汇聚的作用一样；相对论还预言了引力波的存在，并且引力波已经于 2016 年被激光干涉仪引力波天文台（LIGO）所探测到。广义相对论非常成功地描述了我们当前所观察到的宇宙现象。

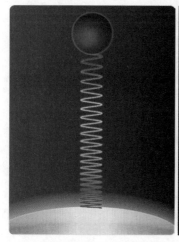
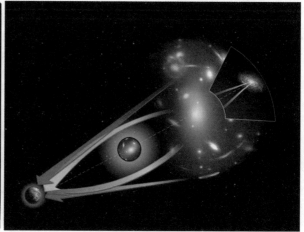

◎引力红移效应示意图　　　　　　　　◎引力透镜示意图

广义相对论提出后不久，1918 年，德国数学家外尔在其著作《空间，时间，物质》开始试图统一广义相对论和电磁理论。外尔就像爱因斯坦那样试图将电磁理论进行几何化。外尔的做法是在电磁理论中加入一个标度因子 $\lambda(x) = e^{\theta(x)}$。这样的做法在数学上看来是非常的好，因为这样的数学结构展现了一种新的对称性，即规范不变性。因此，外尔在写给爱因斯坦的信中表示："我相信，在这些日子里，我成功地从同一个来源得到了电和引力。"然而，对于这样的做法，爱因斯坦敏锐地发现了一个非常明显的问题，并立即提出反对意见："这是一项一流的天才之举。然而，到目前为止，我还是无法消除我对标度的反对意见。"因为，外尔的方法相当于在不断地改变测量标准，就好像我们童年时每年体检时测量身高时，使用的是不同标准的

尺子，这样每次测量所得的数据就失
去了可比性。

爱因斯坦还提出了一个假想实
验来说明这个问题。取两个时钟从同
一出发点出发，分别沿着两条不同路
径移动，最后再回到出发点，如果外
尔的理论正确的话，时钟在移动的过

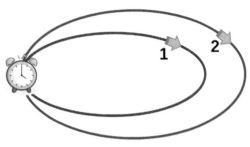

☀爱因斯坦假想实验

程中，标度会不断地连续变化，这样两个时钟不同的移动历史，会造成两个时钟的
快慢不一样，这就是说时钟的快慢会依赖于它的历史。爱因斯坦最后表示："遗憾的
是，这个理论的基本假设对我来说似乎是不可接受的。"

为了解决外尔理论中的问题，受量子力学中对于虚数使用的启发，1927 年，苏
联物理学家福克和德国物理学家伦敦分别独立对外尔的理论进行了改进，将实数形
式的标度因子 $e^{\theta(x)}$ 改为 $e^{-i\theta(x)}$ 的形式，同样在指数中嵌入了虚单位 i。这样，外尔理
论中标度变换的问题就迎刃而解了，因为，此时时钟路径的不同，不会影响时钟的
快慢，只会影响时钟的相位。虽然伦敦对于复数的使用同样也是困惑的，并且认为
复数是一种形而上学的存在，但是伦敦对于复数的使用态度仍然是坚定的，正如伦
敦在其 1927 年发表的题为 "外尔理论的量子力学解释"[1] 的文章中所描述的那样："一
个更为严重的问题是如何理解路径连接的复数形式。我们不应该始终将自己限制在
实数领域。而是应该注意到另一个事实，那就是波函数本质上就是复数的。"

复数就这样一步一步被非常成功地应用到更多的物理学理论当中，虽然物理学
家们在使用的过程中是纠结的、困惑的、忐忑的，并且认为复数在物理学理论中是
形而上学的，但是仍然义无反顾将复数作为一种不可缺少的基本元素应用到量子力
学当中去。不过，虽然复数的使用对于物理学的发展是成功的，但是，实际上，物
理学家们也并没有排除实数形式的量子力学的可能性。

最早从 1936 年开始，包括冯诺依曼在内的很多物理学家尝试着只运用实数来建
立量子力学理论，并且这样的想法在数学上看来是可行的。因为，二维的复平面和
二维的实数平面是同构的，复数的实数维度和虚数维度可以分别对应实数平面的两
个维度，所以，我们可以使用二维的实数平面去模拟出复平面。2009 年，加拿大滑

① John C Taylo. Gauge Theories in the Twentieth Century. Imperial College Press.

铁卢大学的米歇尔·莫斯卡（Michele Mosca）教授团队在理论上证明，可以完全脱离复数，仅使用实数就可以完全复现复数量子理论。然而，这一理论仍然是形而上学，无法付诸实践检验。

转机发生在2021年，由西班牙、澳大利亚以及瑞士三个国家的物理学家组成的团队提出了一个像贝尔不等式检验那样的实验方案，为解决复数和实数之争提出了一个在目前技术条件下切实可行的实验方案（后文简称"实复实验"）。[①] 实复实验方案同贝尔检验实验略有不同，但是原理上相近。贝尔检验实验只需要一个纠缠源与两处测量点即可完成实验，而实复实验则需要两个纠缠源，以及三处测量点，如图所示。研究人员在理论层面分别分析了复数量子力学以及实数形式的量子力学的实验结果，得出两种理论会产生不同的实验结果的推论。因此，这一实验方案一旦成功付诸实践，就可以驳斥实数形式的量子力学，就像贝尔实验驳斥了爱因斯坦的定域隐变量一样。

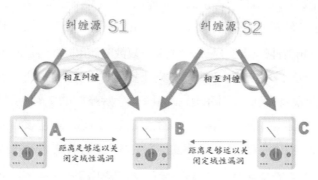

检验实复实验示意图，需要两个纠缠源以及三处测量点

得益于量子调控技术的快速发展，以及贝尔检验实验的经验积累，很快实复实验就取得了进展。中国科学技术大学的潘建伟院士团队以及南方科技大学的范靖云教授团队很快就将实复实验付诸实践，并且测量的结果表明复数对于量子力学来说是必不可少的，完全实数形式的量子力学并不能复现量子力学中所描述的效应。不过，相关实验同样和贝尔检验实验一样存在漏洞。

通过上述对于复数在量子力学等现代物理学理论中的应用的讨论，我们可以

① Marc Olivier Renou, et al. Quantum theory based on real numbers can be experimentally falsied. Nature, 600（7890）: 625−629, 2021.

看到，相较于经典物理学，复数在量子力学中的地位已经今非昔比。在经典物理学中，复数仅仅是一个数学工具，方便计算获得结果。然而，随着物理学的发展，复数已经不仅仅是一个计算工具那么简单，而是扮演着神秘的核心角色，因为，但凡复数出现的地方，都是在描绘一些像量子纠缠、波函数坍缩、不确定性原理、量子干涉等从本质上我们还无法理解的奇异的量子力学效应。因此，要描述宏观世界，可能实数已经够用，但是微观世界，必须有复数才算完整。

四、同一个世界，同一个理论

20 世纪初，量子力学的建立极大促进了人类科学技术的发展，不过，我们不能忘记还有一项极其重要的科学理论和量子力学一样，共同支撑起人类科学技术的大厦，并一起推动了人类文明进程。这一科学理论同样是朗朗上口、耳熟能详，这就是相对论。量子力学为人类描绘了一个奇异的微观世界，相对论则带人类进入了广袤无垠的宏观宇宙，人类认知水平也随之达到了一个前所未有的新高度。

◎量子力学和相对论融合发展的三个阶段

近年来，随着科学与技术的进一步发展，多个重要的预言相继被证明，比如，探测到了引力波、发现了希格斯玻色子、拍摄到了第一张黑洞照片等等，量子力学和相对论成功经受住了时间的考验。然而，这两个代表着人类科学技术最高水平的科学理论，却有着水火不容的矛盾，描述微观世界和宏观宇宙的理论是两套不同的规则，无法调和。牛顿将天体的运动规律和地面上物体的运动规律统一起来，建立了经典力学体系；麦克斯韦将电、磁、光统一起来，揭示了电磁相互作用的统一性；基于杨 – 米尔斯规范场论发展起来的粒子物理标准模型则统一了电磁相互作用、弱相互作用和强相互作用。我们可以看到，科学理论的发展史，就是一个各种理论相互统一、相互融合发展的历史，这也为人类树立了一个坚定的信念：物质的各种相互作用终将会统一到一个更高层次的理论之上。因此，我们有理由相信终会有一个终极理论完美地将量子力学和相对论统一起来，在这个理论框架下，同一个世界，无论是微观层面，还是宏观层面，都应该遵循同一个运行规律，同一个法则。

我们可以将量子力学和相对论的融合发展分为三个阶段：第一阶段为量子力学和相对论理论体系的初步建立，这一阶段看似二者相互独立发展，实际上仍然可以找到二者的结合点；第二阶段为量子力学和相对论初步融合阶段，这一阶段量子力学和狭义相对论完成了融合，标准模型的建立成功地统一了三大相互作用；第三阶段则是量子力学和相对论的完全融合的大统一理论。量子力学和相对论的发展过程中始终存在着千丝万缕的联系，实际上，在谈论当代物理学时，我们已经无法脱离相对论谈量子力学，更无法避开量子力学而谈相对论，二者一脉相承，相互影响，互为支撑。

1900 年，英国物理学家开尔文在英国皇家学会的演讲中提出晴朗的物理学天空存在两朵乌云：一是迈克尔逊 – 莫雷实验证明光在不同参考系下速度恒定不变；二是黑体辐射实验所获得的物体热辐射的能量密度曲线。对于黑体辐射问题的研究，开启了量子力学研究的开端。而对于迈克尔逊 – 莫雷实验的研究则促成了相对论的诞生。

因此，这两个问题，本质上都与电磁波（光的本质是电磁波）相关，只是所涉及的是电磁波不同侧脸的属性：其一就是电磁波的波动性，麦克斯韦从波动性推导出了电磁波的速度为光速；其二则是电磁波的粒子属性，电磁波能量传播并不是不连续的。按照经典物理学理论根本无法解释实验所得的结果。正是这两个被认为是小小"乌云"的物理学问题，直接促成了相对论和量子力学的诞生。因此，实际上，相对论和量子力学的建立均来自于光，量子力学来源于对于光量子问题的研究，相对论则来源于对光传播速度问题的研究。

我们首先回顾一下量子诞生的过程。为了解决黑体辐射问题，从光的粒子性出发，量子力学诞生了。为了在理论上解释黑体辐射的能量密度曲线分布图，英国物理学家瑞利、金斯以及德国物理学家维恩，从经典的热力学和统计力学出发，分别推导出了瑞利 – 金斯公式和维恩公式。然而，两个公式只能部分吻合实验数据，维恩公式只有在短波部分相吻合，瑞利 – 金斯公式则直接导致了"紫外灾难"。为此，1900 年，普朗克大胆地提出了一个违背常理的假设，他认为能量辐射存在一个无法再分的最小的能量单元，并且将这个最小的能量单元定义为"能量子"，黑体所辐射的能量只能一个一个以能量子的形式传播。基于能量子的假设，普朗克推导出了一个能够完美吻合实验数据的半经验公式——普朗克公式。在公式发表后的十几年间，包括普朗克本人以及爱因斯坦等科学家，都对这样一个颠覆性的假设持怀疑态度，并试图将该公式拉回到经典物理体系中。然而，事实证明这样开倒车的行为是徒劳的，相反量子假设即将在多个领域大放异彩。1905 年，爱因斯坦引入能量子的理论，成功地解释了光电效应中发现的几个特别现象，认为光束是由一个个光子组成的，光子是光能量的最小单位。爱因斯坦也因成功解释了光电效应获得了 1921 年的诺贝尔物理学奖。1913 年，玻尔同样引入普朗克能量子的理论，认为原子不是以连续的方式吸收或者发射电磁波，而是以能量子的形式一份一份地传播，提出一个全新的玻尔原子模型。波尔模型第一次引入了定态轨道的理论，认为原子核外的电子只能在不连续的固定圆形轨道上运动，电子在不同定态轨道之间跃迁时，就会有光子的吸收或放出，光子的能量恰好等于定态轨道之间的能量差，也就决定了吸收或者发射的光子的频率。玻尔的原子模型成功地解释了巴尔末关于氢原子的谱线公式，并且还预测了新谱线，不仅再一次证明量子理论的力量，更重要的是，量子理论终于开始被广大科学家所接受，为量子力学的进一步发展铺平了道路。

几乎和量子力学的发展同步，从光的波动性出发，相对论诞生了。1865 年，麦克斯韦提出了著名的麦克斯韦方程组，将电磁相互作用统一了起来，并且预言了电磁波的存在。这套公式表明电磁波在真空中以光速传播，并且这个速度不依赖于参考系的选择，始终是恒定不变的，这是狭义相对论的理论基础，也为提出光是电磁波的猜想提供了理论依据。为了证明光速的恒定性，1887 年，美国物理学家迈克尔逊和莫雷设计了一个干涉实验，将一束光分为两束相互垂直的光束，并最终检测到从相互垂直方向反射回来的光的速度变化。该实验证明了光速在不同参考系下始终不变，这也直接导致未能证明"以太"是存在的。1904 年，洛伦兹提出了著名的洛伦兹变换，将两个作相对匀速运动的惯性参考系联系了起来。虽然，洛伦兹时空变换公式和狭义相对论的基本公式几乎完全一样，但是洛伦兹却没有脱离以太观念的禁锢，仍然停留在绝对时空观的框架内，与狭义相对论失之交臂。终于，1905 年，爱因斯坦摒弃以太的绝对时空观，从光速不变原理和相对性原理两条公设出发，推导出了时空变换关系，并更进一步得到了著名的质能方程。虽然，这套公式类似洛伦兹变换，但是它告诉人类，运动的时钟会变慢，运动的物体会发生收缩，以及质量和能量的等效性等等。这就是狭义相对论，它赋予人类一个全新的相对论性的时空观。

狭义相对论表明了物理定律在洛伦兹变换下的协变性，同时保证了在变换下光速的不变，但是，引力理论却无法纳入其中，这就是狭义的协变性。狭义相对论只考虑了匀速运动参考系情况，而引力理论则会带来加速参考系。因此，1907 年，爱因斯坦首次提出了等效原理，他认为引力场和与其具有相同加速度的参考系完全等价，并且提出了一个问题："是否可以设想，相对性原理对于相互作加速运动的参考系也依然成立？"随后的几年，爱因斯坦沿着这一方向进一步做了深入的研究，他将时空和空间的变换由整体性向定域性进行了拓展，并在闵可夫斯基四维时空以及黎曼张量运算等数学工具的帮助下，于 1915 年获得了广义相对论的场方程，终于建立起了广义相对论。

1916 年，爱因斯坦发表了一篇总结性的论文，并且明确提出："物理学定律必须具有这样的性质，它们对于以无论哪种方式运动着的参考系都是成立的。"这就是广义的协变性。狭义相对论其实就是广义相对论的一种特殊情况，广义相对论将所有参考系变换统一了起来。著名的物理学家惠勒用一句话概括了广义相对论："物质告诉时空如何弯曲，时空告诉物质如何运动。"同年，爱因斯坦预言了引力波。1917 年，爱因斯坦在场方程中加入了一个宇宙常数，用来抵消引力，提出静态宇宙模型。事实上这样的模型已经被否定，天文观察表明宇宙是加速膨胀的，但是爱因斯坦开创了现代宇宙学。

随着量子力学逐渐被物理学家所接受，更多的科学家投身于量子理论的研究，一个崭新的理论即将在争论中为人类描绘一个新的奇异微观世界。随着量子理论的发展，光既是波也是粒子逐渐被科学家所接受。基于这一事实，法国理论物理学家德布罗意第一次提出实物粒子也具有波粒二象性。德布罗意结合爱因斯坦的狭义相对论中的质能方程和普朗克的光子能量公式，计算出了电子的频率，并进一步提出了电子具有波动性。随后，很快科学家就观察到了电子的双缝干涉条纹，物质波的理论建立起来。薛定谔正是从物质波获得建立薛定谔方程的灵感，并于 1926 年从波动力学出发建立了震惊世界的薛定谔方程。但是方程建立的初期，薛定谔并不理解方程中波函数的物理意义。紧接着接力棒交给了玻恩，受爱因斯坦将光波振幅解释为光子出现的概率密度思想的启发，玻恩提出了波函数的概率解释，他认为波函数的平方代表了微观粒子出现的概率。

几乎就在薛定谔方程建立的同时，1925 年，德国物理学家海森堡提出了矩阵力学。玻尔的原子模型虽然成功解释了一些现象，但是该模型有很大的局限性，无法进一步解决更复杂的原子光谱现象。为了进一步研究原子光谱，受爱因斯坦在建立相对论的过程中时间、空间操作变换的启发，并利用"可观测性原则"，海森堡从可以直接观测到的物理量出发建立起了矩阵力学。随后，矩阵力学在海森堡、玻恩、约尔当、狄拉克等人的努力下，理论体系得到进一步完善，完美解决了原子光谱的问题，焕发了强大的生命力。海森堡的矩阵力学是一种缺乏形象化的数学方法，这也是海森堡对待微观不可观测量的态度，他认为利用数学就可以很好地来描述自然界，并不需要具体的物理图像。因此，海森堡在探究电子的运动轨迹时，并没有试图描述电子的准确轨道，而是提出了不确定性原理，认为微观粒子的位置和动量无法同时确定，并且满足不确定性不等式 $\Delta x \Delta p \geq \dfrac{h}{4\pi}$。海森堡的不确定性原理得到了玻尔的认同，但是不同于海森堡的是，玻尔更加倾向于从哲学层面考虑问题。于是，1927 年，玻尔提出了著名的互补原理，该原理指出原子现象并不能用经典力学所要求的完备性来描述。波粒二象性就是互补性的一个重要体现，我们在测量一个微观粒子状态时，波动性和粒子性并不会同时出现，会随着我们观测方式的不同，而表现出不同的属性，但是在描述一个粒子的时候，二者又缺一不可。我们可以认为不确定性关系是在数学层面描述了波粒二象性，互补原理则是从哲学层面表述了波粒二象性。

虽然，矩阵力学和薛定谔方程在形式上看起来完全不同，但是二者在数学上完全等价，都是从经典哈密顿函数而来，只不过二者的出发角度不同，一个从物质的粒子性出发，而另一个则从波动性出发。这也从另一个侧面表明，波动性和粒子性虽然不会同时表现出来，但是二者会在更高的层次上统一起来。虽然量子力学的基本理论体系已经架构完成，但是随之而来的是另一个更加深刻的问题，怎么来诠释这样一个颠覆人类认知，和经典理论完全不同的量子理论。从 1927 年的索尔维会议开始，玻恩、海森堡、玻尔、爱因斯坦、薛定谔等众多理论物理学家、实验物理学家以及哲学家围绕概率解释、不确定性原理、量子纠缠以及互补原理等展开了一场旷日持久的论战，最终形成了几种诠释，其中最具影响力的有三个：以玻尔、玻恩、海森堡为代表的哥本哈根诠释，以爱因斯坦为代表的隐变量诠释，以埃弗莱特为代表的多世界诠释。哥本哈根诠释以薛定谔方程、概率解释、不确定性原理等为核心；隐变量诠释则认为量子力学并不完备，一定存在我们所不了解的隐变量主导着量子世界，也就是说上帝不掷骰子，爱因斯坦等人还进一步提出了 EPR 纠缠的佯谬来佐证这一观点；多世界诠释则认为薛定谔思想实验中的死活叠加状态的猫，在我们观察时，宇宙分裂成两个，一个世界是活猫而另一个世界是死猫。但是最初这样仅限于思想实验的争论很难有最终结果，此时迫切需要一个实验方案。终于，1964 年，爱尔兰理论物理学家贝尔建立了贝尔不等式，将 EPR 佯谬这样的思想实验推进为一个切实可行的物理实验。如果不等式成立，则爱因斯坦的隐变量理论胜利，否则哥本哈根诠释获胜。此后，科学家进行大量的相关实验来验证贝尔不等式，但是这些实验方案或多或少需要额外的假定，也就是说实验存在漏洞，比如探测漏洞、关闭定域性漏洞、自由选择漏洞等等，就目前的实验技术来说，还无法彻底关闭所有漏洞，因此还无法最终定论。

◎赫尔曼·外尔

至此，经过普朗克、爱因斯坦、玻尔、海森堡、薛定谔、玻恩等人的努力，量子力学和相对论的理论体系基本建立了起来，但是这是一个颠覆人类认知观念的理论体系，其所蕴含的深刻的物理意义以及哲学内涵还有待进一步挖掘。此阶段，二者看似相互独立发展，实际上，二者均起源于光属性的研究，只是出发点不同，一个从粒子性出发，另一个则从波动性出发。在发展过程中，相对论为物质波的提出，以及进一步得到薛定谔方程奠定了基础。这里我们可以简单地认为，物质的波动性代表了相对论，而粒子性则代表了量子力学，波粒二象性的统一性，实际上就是量子力学和相对论的统一性。波粒二象性所蕴含的深层次的宇宙规律还远没有发挥效用，另一场新的变革已经蓄势待发。

在量子力学和相对论基本框架建立起来以后，物理学家一直在寻找能够统一基本相互作用的理论。经过数十年的探索，物理学家发现，除了引力作用，我们所知道的所有的基本相互作用都可以用规范理论的形式来描述，也就是我们所说的标准模型。规范理论的发展也正是量子力学和相对论相互融合发展的最好范例。"规范"一词从字面意思来理解，"规"是尺规，"范"是模具，也就是"标准"的意思。"规范"一词最早由德国数学家外尔引入到物理学中。实际上，规范对称性早在麦克斯韦的电磁学理论中就已经出现了。物理学上，规范对称性实际上就是描述了一个系统的冗余性，也就是说，在描述一个系统时，引入了额外的参量，改变这些参量，并不会对系统产生影响。比如，在经典的电磁理论中，在电场和磁场相同的情况下，电磁势并不唯一。我们最初认识的两种相互作用是引力和电磁相互作用。因此，1918 年，外尔利用电磁势的冗余性，在度规函数中错误地引入一个任意函数 $\lambda(x)$，试图拓展爱因斯坦的广义相对论，为引力场和电场建立一个统一的几何框架。不过，外尔最初的努力并没有成功，这一做法在数学上看起来很美，但是作为一个物理理论是失败的。因为，如果这样的话，物理世界的长度就会受到电磁场的影响而发生变化。

　　广义相对论是一种特殊类型的非阿贝尔规范理论，规范理论的建立其实就是由广义相对论经过缓慢复杂的过程逐步演变而来的，都具有一个共同的几何结构——纤维丛。1922 年，薛定谔曾尝试在外尔引入的变换函数中加上虚数 i，不过薛定谔在建立波动方程的工作并没有进一步发展相关内容。1926 年，伦敦结合薛定谔的波动力学和外尔的思想，提出电磁场带来波函数的相位因子。在上述工作基础上，1928 年，外尔将原来的规范因子，加入一个虚数 i，这样规范因子变成了波函数的相位因子，因此，规范变换其实也可以理解为相位变换。相位因子是一个单位复数，绝对值为 1，本身没有任何物理意义，不会影响波函数的概率值。不过相位差会影响干涉过程，并且两个相互作用量子态之间的相位差异是可以测量的，比如 Berry 相。因此，就可以用一个复数波函数来进行描述，同时也保证了波函数的规范不变性。1941 年，泡利在一篇综述论文中阐述了规范变换的物理意义：波函数的规范不变性保证了电荷的守恒。杨振宁深受泡利这篇文章观点的启发，为其之后提出杨 – 米尔斯规范理论埋下了伏笔。在规范理论沿着爱因斯坦相对论变换思想继续发展的同时，狄拉克从电磁场的量子化出发结合狭义相对论建立了狄拉克方程，为量子场论的发展奠定了基础。

　　由于初期建立起来的量子力学体系并没有考虑相对论效应，虽然非相对论性量子理论可以很好地解释原子结构、原子光谱等方面的问题，但是在涉及像光子、电子等这样高速运动的微观粒子的现象时，就捉襟见肘了，这就导致原子中光的自发辐射和吸收这类十分重要的微观现象无法获得合理的解释。这里一个很重要的原因就是非相对论性量子力学并没有将电磁场量子化。经典的电磁场理论只能描述场的波动性，并不能描述波粒二象性性质，更无法阐明粒子的产生湮灭过程。1927 年，狄拉克首先提出了将电磁场看作无穷多个没有相互作用的谐振子系统的量子化方案，这也被称作"二次量子化"。这样的量子化理论将电磁场的波动性和粒子性统一了起来，并成功描述了光子的产生和湮灭，这为建立量子场论奠定了基础。紧接着，1928年，狄拉克为了描述高速运动的电子，结合狭义相对论和量子力学薛定谔方程建立了狄拉克方程，这一方程自然地推出了电子的自旋以及电子磁矩的存在。由于该方程存在负能量解，狄拉克还预言了正电子的存在。同年，约丹和维格纳考虑将电子场量子化的方案，将描述单个电子运动的波函数看成电子场，并将其量子化。1929年，海森堡和泡利进一步推广"场"的概念，建立了量子场论的基本形式，认为任何物质粒子都对应一种场，能量最低的就是真空场，当场被激发时，能量变高就会产生相应的物质粒子，相反正负粒子就会湮灭。场是以时空为变量，具有连续无穷维自由度的物理量。这样，以狄拉克、约丹、海森堡、泡利等为代表的科学家在相对论和量子力学的基础上，通过对微观粒子的场进行量子化的途径，引入了量子场的概念，建立起了量子场论。这其中将电磁场和电子场进行量子化，并很好地解释了电磁场和带电粒子相互作用的量子场论就是量子电动力学。然而，量子电动力学在处理一些计算问题时，微扰论的最低阶结果和实验能够近似符合，但是进一步计算高阶修正时却会得到无穷大的结果，这就是量子场论中的紫外发散困难。类似的发散困难还出现在其他量子场论中，本质上都是由于场的无穷多自由度而导致的。最后，斯温格、费曼等人通过重新定义理论中的质量和电荷，消除了无穷大，这个过程被称作"重整化"。

至此，量子电动力学成功地建立了起来，成为量子场论中发展最早最成功的一个理论。这一理论成功将狭义相对论和量子力学统一了起来，有效地描述了高速微观粒子的各种物理现象和规律。由于结合了狭义相对论，因此量子电动力学也具有相对应变换不变性，具有定域规范变化下不变的对称性，场的变换群是可交换的U(1)群，也被称作"阿贝尔群"。这其中所谓的"定域规范变换"，是指量子电动力学，也被称作"阿贝尔规范场论"。这仅仅是量子场论统一的开始，新的统一将从新的规范理论开始。

泡利提出电子具有自旋向上和向下两种状态，在这一超前思想的启示下，1932年，海森堡认为，既然电子具有两种不同的状态，是否可以将质子和中子认为是同种粒子的两种不同状态，并且类比电子自旋的概念，提出了同位旋的概念。杨振宁注意到了海森堡的同位旋概念，意识到既然电子波函数的规范不变性可以导致电荷守恒，那么同位旋守恒又意味着什么样的规范不变性呢？于是，杨振宁参照爱因斯坦推广狭义相对论向广义相对论的思路，在米尔斯的帮助下，建立了非阿贝尔规范场论，也就是杨－米尔斯规范场。非阿贝尔规范场中的变换群是不可交换的非阿贝尔群。杨－米尔斯规范场是量子场论发展的一个里程碑，正是在该理论的基础上，建立了我们所熟知的标准模型。

在电弱统一模型理论建立之前，还有两个重要的物理问题需要解决：非阿贝尔规范场的量子化问题和对称性自发破缺问题。由于非阿贝尔规范场论中存在非物理的规范自由度，使得量子化和重整化变得困难。1967 年，法迪夫和波波夫在费曼提出的路径积分的基础上提出了能够保持规范不变性的非阿贝尔规范理论的量子化方法，这为量子场论的发展奠定了重要的基础。路径积分就是把量子理论用经典量来进行表述。另一个重要的问题是对称性自发破缺，这是指虽然描述物理系统的场方程具有某种对称性，但是方程的真空解并不具有对称性，或者说物理系统本身并不具有这种对称性。物质场的能量最低的状态是真空态，所以自然界中的真空其实并不是一无所有，而是充满了物质场的相互作用的最低能量态。在以上基础之上，1967 年，温伯格和萨拉姆最终建立起了将电磁相互作用和弱相互作用统一起来的电弱统一理论。电弱统一理论是非阿贝尔规范场论，场的变换群是不可交换的 $SU(2) \times U(1)$ 群。

在电弱统一以后，另一个要征服的相互作用是夸克之间的强相互作用。1973 年，Ggoss、Wilczek 和 Politzer 提出运用 $SU(3)$ 变换群的非阿贝尔规范场论可以描述强相互作用，这就是量子色动力学。量子色动力学有两个非常重要的特点就是渐进自由和夸克禁闭。至此，标准模型就建立了起来，该模型将电磁相互作用、弱相互作用、强相互作用统一起来，是 20 世纪物理学最重要的成果之一，并且经受住了实验的检验。不过标准模型并不是最基本的理论，而应该是更深层次物理规律在低能近似下的有效理论，就好比牛顿力学是狭义相对论在远低于光速下的一个特例。虽然量子场论统一了三大相互作用，但是仍有一个悬而未决的相互作用，那就是引力相互作用。虽然规范场的建立离不开爱因斯坦的广义相对论，并且引力场本身就是一种规范场，但是引力场的量子化有不可重整的问题，并且黑洞的一些性质也与量子场论有不可调和之处。因此，以我们现有的量子场论体系并不能把引力场统一到标准模型当中。同时，我们也应该注意到，现在的标准模型所讨论的微观层面，粒子的质量极小，引力效应并不明显，通常可以忽略。不过我们有理由相信会有一个超出现有量子场论体系的更为基本的理论体系的出现。正如温伯格所说："如果发现一些不能用量子场论描述的物理系统，这将引起轰动；如果发现不服从量子力学和相对论法则的系统，那则是一场灾难。"

在标准模型之后，为了能够建立一个统一描述引力和标准模型的物理理论，理论物理学家还提出了弦理论、圈量子引力理论等。在标准模型的体系架构下，物质的基本组成单位是电子和夸克，同时还有像光子、玻色子等代表了物质之间相互作用的粒子，因此，这样的理论也被称作"粒子物理"。但是，区别于粒子物理，弦理论认为世界由一维的弦组成。弦的尺度为普朗克长度，在大于该尺度时，弦表现得和普通粒子一样，质量、电子以及各种相互作用等属性都由弦的振动状态决定。圈量子引力理论是一个以爱因斯坦的广义相对论的几何结构为基础建立起来的量子引力理论，该理论将时间和空间进行了量子化，并且假定空间结构是由一个个非常精细的网络交织而成的。弦理论和圈量子引力理论成功将引力作用和标准模型统一在了一起，是目前最有希望成为大统一理论的候选者。但是，目前二者最大的问题在于还没有经过实验验证。

从整个近代物理学发展的脉络可以看出，相对论和量子力学的发展总是相伴相生，二者共同支撑起了整个当代物理学的大厦，并且已经深入到人类生产生活的方方面面。随后出现的量子场论也并没有脱离相对论和量子力学的框架，而是将相对论和量子力学进行了更加深入的融合和发展。从人类对于世界认识的角度来看，我们的认知体系一直在寻找一个能够统一描述我们所处世界的理论，并且我们的理论体系也一直在遵循着这样的一个发展规律，随着人类认知能力的提升，我们总能寻找到一个更为深层次的理论，将先前的理论进行一个更为完善的统一。作为目前最为成功的标准模型理论，虽然成功将三大相互作用统一在了一起，但是仍然有一个漏网之鱼——引力理论。我们有理由相信，最终一定会有一个终极的大统一理论，能够完整地描述我们世界的所有一切。

五、平行宇宙

在最新一集的蜘蛛侠电影《蜘蛛侠：英雄无归》中，将蜘蛛侠电影世界中的3个蜘蛛侠主角和5个大反派全都集中到了一个世界，这是一个典型的以多元宇宙为主题的电影。多元宇宙已经成为当今最为炙手可热的一个科幻元素，一些经典电影，比如《瞬息全宇宙》《彗星来的那一夜》《星际穿越》《复仇者联盟》《源代码》《终结者》《蝴蝶效应》《奇异博士》等等均以多元宇宙为核心，并且从不同的角度对多元宇宙的概念进行了诠释。那么，多元宇宙是否仅仅只是编剧或者作家幻想出来的一种吸引观众的噱头呢？答案是否定的。实际上，多元宇宙和爱因斯坦的隐变量理论一样，是一种物理学家想要理解量子理论而提出的一种能够以我们宏观认知理解的一种解释。

1957 年，美国物理学家休·艾弗雷特三世第一次提出了多世界理论。艾弗雷特承认叠加态的存在，但是他不认同波函数坍缩的理论。我们用薛定谔的猫的实验作为例子来进行说明。在用标准的量子力学的波函数的坍缩来解释当我们打开箱子看猫是死是活时，那么打开箱子的一瞬间，猫的波函数便坍缩了，那么猫会从一种生

◎《蜘蛛侠：英雄无归》海报

◎多元宇宙中的猫

©休·艾弗雷特三世

和死的叠加态中随机的变为生或者死的状态，两种状态只能选其一。但是，如果用多世界来解释的话，在不打开箱子时，猫是处在叠加状态，当我们打开箱子时，宇宙就会分裂为两个，其中一个世界的猫是活着的，而另一个世界的猫是死的，也就是说，多世界理论将原来一个世界中的波函数的坍缩，变为现在的宇宙的分裂。这样，薛定谔就不需要纠结猫的死活问题，因为总有一个世界中的薛定谔看到的猫是活着的，不过，一定也有一个世界的薛定谔看到的猫是死的。

我们同样还可以用多世界理论来解释双缝干涉实验，光子在通过双缝时，实际上是分成了两种情况，有一个世界光子是从左缝通过，另一个世界的光子则是从右边狭缝通过。艾弗雷特还将宇宙比作一只阿米巴虫[1]。由于阿米巴虫是通过无性的自我分裂繁殖，艾弗雷特认为电子通过双缝后，阿米巴虫就分裂成为两个。两个阿米巴虫完全一样，唯一的不同，是其中一只记着电子是从左狭缝穿过去的，而另一只则只记着电子是从右狭缝穿过去的。但是，艾弗雷特的博士导师惠勒觉得"分裂"一词欠妥，最好能换个别的词。

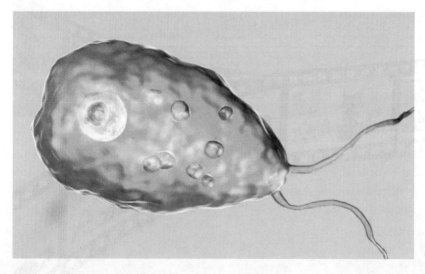

©阿米巴虫

---

[1] 阿米巴虫是一种单细胞原生动物，仅由一个细胞构成，繁殖方式是通过无性的分裂生殖。由于阿米巴虫可以根据环境需求而改变体型，因此也被称作"变形虫"。

不过，艾弗雷特的理论在提出后，并没有在物理学界引起任何波澜。爱因斯坦曾说："我不能相信，仅仅是因为看了它一眼，一只老鼠就使得宇宙发生剧烈的改变。"爱因斯坦的话代表了整个物理学界对于多世界理论的态度。艾弗雷特为了宣传他的理论，他还曾特意去哥本哈根大学去面见玻尔，期望能够得到玻尔的支持，不过玻尔不置可否，并没有做任何评价，显然对这一理论并不感兴趣。因此，艾弗雷特失去了研究基础理论物理的信心，转行去美国政府部门工作。

多世界理论真正受到学术界重视要到 20 世纪六七十年代，美国的理论物理学家布赖斯·德维特（Bryce DeWitt），再一次重提多世界理论，并且出版了《量子力学的多世界解

德维特及其夫人西塞儿，西塞儿曾受我国两弹元勋彭恒武先生的教诲

释》一书，极大地推动了多世界理论的发展和传播。德维特是引力量子化的先驱，发展了正则量子引力理论，该理论是统一量子力学和相对论非常有益的一种尝试。德维特曾表示，他在第一次接触多世界概念时，就被这一概念所深深吸引。

另外一个多世界理论的重要支持者是英国牛津大学的理论物理学家、量子计算理论的先驱戴维·多伊奇（David Deutsch）。多伊奇在其著作《真实世界的脉络》一书中明确提出："量子计算机是独特地利用量子力学效应特别是干涉效应来完成全新类型的计算的机器……量子计算机能够把复杂任务的各部分分配到大量平行宇宙中去，然后共享结果。"[1] 多伊奇认为，之所以量子计算机能够表现

戴维·多伊奇

① 戴维·多伊奇. 梁焰等译. 真实世界的脉络. 中国工信出版社. 197.

出超强的计算能力正是来源于多世界的力量。

多伊奇在其书中还通过整数分解质因数的问题来解释这个问题。整数分解质因数的问题实际就是要找到一个整数可以分解为哪几个质数的相乘。比如，如果整数为15，那么3和5就是15的质因数。不过，这里要注意整数必须是合数。找15的质因素很简单，无需计算机我们直接就可以给出，但是如果这个整数是个大整数，比如10949769651859，要找到这个数的质因数，最简单的方法就是一个数一个数的试，从2开始遍历所有的奇数，直到找到答案。使用当前的计算机，也能够在较短的时间内找到答案为2594209和4220851。但是，由于当前并没有有效的算法来解决这一问题，这个问题的计算时间会随着整数位数的增加而呈指数级的增加。据美国著名的计算机专家唐纳德·克努斯（Donald Knuth）估计，如果要分解一个250位的大数，使用100万台计算机组成的网络，花费的时间将达到一百多万年，这个时间对于解决这个问题来说已经失去了意义，也就是说在没有有效的算法之前，使用我们当前的计算机是无法解决这个问题的。

不过，这个在经典计算机上无法解决的问题，未来将被量子计算机轻易解决。1994年，美国贝尔实验室的计算机科学家彼得·肖尔提出了能够高效解决大数分解质因数的肖尔算法。肖尔算法是基于量子力学原理发展起来的一种量子算法，基于该算法，理论上可以实现极其高效的解决大数分解质因数的问题，解决上述250位大数的分解问题，所花的时间可能将缩短到几分钟。不过，前提是必须得有发展较为成熟的量子计算机，就目前的量子计算机的发展水平，仅能实现一些简单的演示任务，比如2001年，IBM公司使用7个量子比特的量子计算机演示了将15分解为3和5。[①] 想要求解更大整数的质因子，还需要更加成熟的量子计算机。量子计算的相关内容，后文还将详述。

那么，是什么力量赋予了量子计算机如此惊人的计算能力呢？多伊奇认为，当使用量子计算机进行计算时，相当于"所有计算是在不同的宇宙中并行完成的，并通过相干分享结果"。这里的相干可以用双缝干涉实验来理解，光子在通过两个狭缝后，两个世界的光子会产生干涉，干涉的结果会合并到我们当前的世界，并呈现

① Vandersypen, Lieven M. K.; Steffen, Matthias; Breyta, Gregory; Yannoni, Costantino S.; Sherwood, Mark H. & Chuang, Isaac L., Experimental realization of Shor's quantum factoring algorithm using nuclear magnetic resonance, Nature, 2001, 414 (6866): 883 - 887, doi:10.1038/414883a.

在接收屏上。而这个计算过程是 10^{500} 个平行宇宙干涉，最终得出结果。多伊奇还进行了一个比较，当前整个宇宙原子的数目为 10^{80} 个。可想而知，量子计算机为何会如此强大。

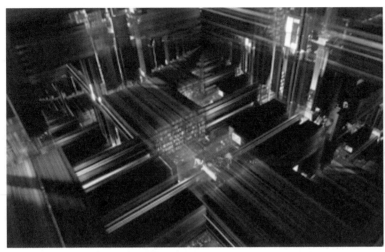

◎星际穿越剧照　　　　　　　　　　　　　　　　　　　◎基普·索恩

　　平行宇宙的理论还可以解决时间旅行中的时间悖论。在科幻电影和小说中，还有一个非常有意思的科幻元素，即时间旅行。在电影《星际穿越》中，有一段情节描绘了男主进入了五维空间，在五维空间时间变成了实体，男主可以看到任何时刻的女儿，并且还可以向任何一个时刻的女儿传递信息。电影《星际穿越》的科学顾问是美国著名理论物理学家基普·索恩（Kip Thor ne），索恩曾因对引力波探测做出的杰出贡献获得了 2017 年诺贝尔物理学奖。电影《终结者》则是主要讲述了未来机器人回到过去拯救人类救世主的故事。时间旅行的概念也并不是空穴来风，爱因斯坦在其相对论中明确指出，改变时间是可能的。但是时间旅行概念会导致一个悖论。某个人，如果回到过去，在自己父亲出生前，杀死了自己的祖父。我们如果仔细考虑这个问题的话就会发现，这个行为存在一个很明显的问题，就是如果他的祖父在他父亲出世前去世了，那么就不会有他父亲，既然他父亲都没了，也不会有他去杀其祖父了。因此，时间悖论也被称作"祖父悖论"。不过，时间悖论的一个前提是，我们的宇宙只有一个。但是如果存在平行宇宙的话，这个问题就不再是悖论，并且可以获得很好的解释。这个人在回去改变过去的同时，他实际上进入了另一个平行宇宙，那个宇宙的未来不会有他了，他所改变的仅是另一个平行世界，他原来的那个世界的过去并没有改变。

那么，是否可以验证平行宇宙真的存在呢？对于平行宇宙的争论同样也是从思想实验开始的，思想实验为人类提供了一种廉价而高效的探索宇宙奥秘的方式。

按照平行宇宙的思路，如果我们对薛定谔的猫的实验进一步进行分析，将得到一个不可思议的结果。1986 年，英国杜伦大学的尤安·斯奎雷斯（Euan Squires）教授，第一次在其著作《量子世界的奥秘》中提出了"量子永生"的概念。我们知道，薛定谔的猫的思想实验，如果用哥本哈根学派的波函数坍缩解释，在打开盒子的瞬间，猫会由生死叠加态随机变为生或者死的其中一种状态，这里要注意的是只能是其中一种状态。但是如果存在平行宇宙，那么，打开盒子的瞬间整个宇宙分裂成了两个，其中一个猫是活着的，另一个则死了。那么，我们如果从猫的主观视角去看的话，猫死的那个世界对于猫来说已经失去了意义，对于猫自身来说唯有它活着的那个世界是有意义的。对于猫活着的那个世界，我们可以反复进行猫的实验，这样宇宙会不断地进一步分裂。不过，对于猫来说，由于在多世界理论中所有的可能性都必然会发生，那么这样就会导致，不论实验如何进行，总是有一个世界的猫是活着的，并且它只能感受到它活着的那个世界。这样的话，猫在它自己的世界里，它永生了。

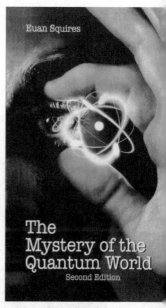

◎ 尤安·斯奎雷斯
（Euan Squires）教授
的著作《量子世界的
奥秘》

生命体衰老的过程本质上都是量子力学在起着作用，那么既然这样，从生物本身主观角度来看的话，生命体将获得永生，这是多元宇宙理论导致的必然结果。但是，对于任何一个世界的观察者来说，在不断重复实验的过程中，其并不会永远看到猫是活着的那种状态，并且也无法感受到其他世界的猫的。因此，这样的思想实验很难证伪多元宇宙理论的。

此外，还有很多科学家和哲学家都对多元宇宙进行了讨论。例如：1998 年，美国物理学家马克斯·泰格马克（Max Tegmark）提出了"量子自杀"的思想实验；[1]

---

[1] Tegmark, M. (1998). The Interpretation of Quantum Mechanics: Many Worlds or Many Words? Fortschritte Der Physik, 46(6−8), 855−862.

◎ 马克斯·泰格马克

◎ 大卫·刘易斯

2001 年，美国著名的哲学家，大卫·刘易斯在其去世前四个月，在澳大利亚国立大学作了一场题为"薛定谔的猫有多少条命？"的演讲，刘易斯认为虽然多世界解释由于其否认了坍缩过程，确实是一个较为吸引人的理论，但是这一理论存在着不可弥补的缺陷，就是"量子永生"所带来的更多的可怕的推论。可以想象，如果"量子永生"保证了活着，但是其并不会保证生命的健康或者完整性，那么在永生的情况下，会不断地积累不好的情况。这里不再作更详细的介绍。

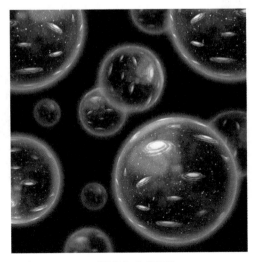

"泡泡"中的宇宙

　　通过上文的介绍，我们可知，多元宇宙所描述的世界是一个光怪陆离的世界。因为，在多世界解释的框架下，我们的世界将是由无穷多个平行宇宙构成的世界，并且随时随地不断地会有新的平行宇宙产生，并且还会有那个令人不安的"量子永生"推论。因此，实际上，大部分科学家并不认同多世界的理论和观念会在我们现实世界起作用。不过，至今为止，对于多世界解释的争论局限于思想实验和哲学思辨，并没有实际的证据去证伪。

抛开对于量子力学理论的多世界解释，在宇宙学中也有一个类似的多元宇宙理论。宇宙起源理论中，最为大众熟知的是宇宙大爆炸理论。在大爆炸理论中，爆炸不仅产生了我们现在所生活的宇宙，还产生了很多其他宇宙。每个宇宙就像泡泡机吹出的泡泡一样，每个泡泡都是一个宇宙，我们就生活在其中的一个泡泡中。每个宇宙可能都会展现出不同的性质，可能会有各自不同的物理和化学定律，有些宇宙可能会像我们现在的宇宙一样，有各种不同的星球，有生命，而另一些可能几乎是空的。不过这一观念，以当前的科学技术水平也同样无法进行验证。

2018 年，霍金在去世前两周和其学生托马斯·赫托格（Thomas Hertog）完成了一篇名为"从永恒的膨胀中退出？"的文章。在这篇文章中，霍金提出了一个新的理论，试图寻找一个可以验证的科学框架来验证多元宇宙论。赫托格在接受采访时表示，他们的理论可以通过对于引力波、宇宙微波背景辐射等的观测来进行检验。因为引力波、宇宙微波背景辐射能够提供有关宇宙早期阶段的大量信息。不过，这里需要注意宇宙学中的多元宇宙和量子力学理论中的平行世界的的区别。

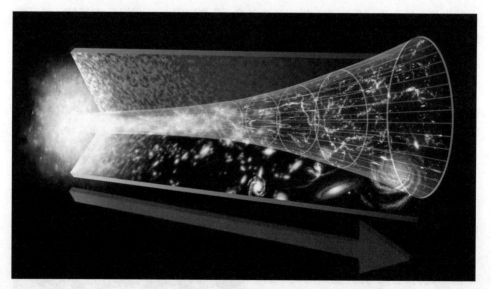

◎膨胀中的宇宙

第三章

真的存在
薛定谔的"猫"吗

ZHENDE CUNZAI

XIEDINGE DE "MAO" MA

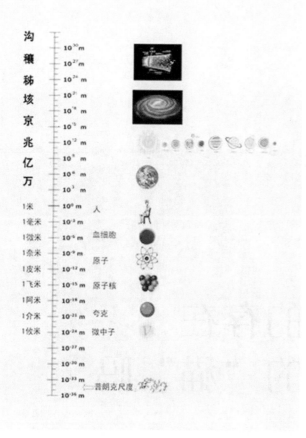

沟 穰 秭 垓 京 兆 亿 万

	10^{30} m	
	10^{27} m	
	10^{24} m	
	10^{21} m	
	10^{18} m	
	10^{15} m	
	10^{12} m	
	10^{9} m	
	10^{6} m	
	10^{3} m	
1米	10^{0} m	人
1毫米	10^{-3} m	
1微米	10^{-6} m	血细胞
1奈米	10^{-9} m	原子
1皮米	10^{-12} m	
1飞米	10^{-15} m	原子核
1阿米	10^{-18} m	
1介米	10^{-21} m	夸克
1仄米	10^{-24} m	微中子
	10^{-27} m	
	10^{-30} m	
	10^{-33} m	
	10^{-36} m	普朗克尺度

物质的各种尺度

虽然，量子力学为人类提供了一个全新的视角去认识世界，但是，量子力学所描绘出的微观世界与我们日常体验的宏观世界是那么的格格不入，这也就导致我们使用两套不同的理论系统来对待宏观和微观。经典物理学对应宏观体系，而量子力学对应微观体系。但是，这里需要强调的是，量子力学理论并没有设定边界，从最小的普朗克尺度（10^{-35}米），到原子尺度（10^{-9}米），到人的尺度（10^{0}米），到太阳系的尺度（10^{11}米），再到宇宙的尺度（10^{30}米），跨越了65个数量级的所有范围的世界，都应该是量子力学的适用范围。然而，实际上，正如量子力学的建立过程中所表现的那样，量子力学只能够在原子或者亚原子尺度内表现完美，在肉眼可见的尺度内，量子效应对于我们来说将是灾难性的，而到了宇观尺度，更是遭遇了前所未有的难题——广义相对论和量子力学竟水火不容。为什么在宏观物体上从来都没有观察到类似电子那样的叠加态？宏观和微观为什么会如此不同？微观又是如何过渡为宏观的？是否真的可以找到薛定谔所描述的那样一只猫？这样的问题不仅让爱因斯坦、薛定谔等量子力学的奠基人头疼，更是困扰了一代又一代理论和实验物理学家。实验上，研究人员设计了各种精巧的实验去探索，到底大到多大的物质还能保持着量子力学的特征；理论上，物理学家则不断地寻找能够解释微观量子世界和宏观世界的过渡机制。

一、寻找薛定谔的猫

　　量子概念在最初的产生过程中，均来源于单粒子水平的异常效应，如黑体辐射单份能量、光电效应中单个光子的吸收与发射、单电子的自旋、单原子内部结构等等。即使如前文所述的贝尔检验，虽然可以实现相距数百公里的量子纠缠的实验检验，但是实验资源均是单粒子的量子叠加态、单光子的偏振态、单电子和单原子的自旋态。即使是肉眼可见的双缝干涉实验，也其实是发生在单粒子水平的干涉。事实上，为了获得寿命更长更为稳定的量子体系，或者为了验证基础量子理论，实验技术一直在朝着调控单粒子水平方向发展，比如实现更为稳定的原子钟。虽然叠加状态是微观世界的常规特征，但是我们在日常生活中却从未见过。因此，一个很显然的问题就是，如何才能将原子尺度的效应延伸到日常生活的尺度？此时，我们需要换一个思路，寻求更多粒子组成的更大尺度物质所展现出的量子效应。

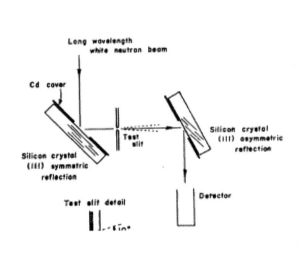

舒尔教授中子衍射实验装置示意图

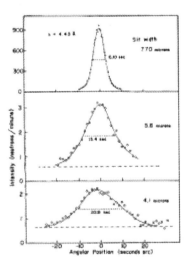

调整不同狭缝宽度时，检测器检测到中子在不同位置的强度

　　量子力学理论中最为显著的特征就是叠加态，这也是薛定谔关于猫的思想实验中最为怪异之处。为了能够找到微观量子世界结束的方式和尺度，以及经典世界的开端，研究人员进行了大量的相关研究，以期望可以将越来越大的粒子置于叠加态。叠加态的本质实际上正是来源于波动性，对于物质来说，可以更确切地说是来

源于物质的德布罗意波，而最能体现波动性的就是双缝干涉实验。光子或者电子在穿越双缝的过程中，实际上是处在同时穿过两个狭缝的叠加状态，因此，如果能够观察到更大粒子的干涉效应，就说明我们获得了更大粒子的叠加态。最早观测到的是光子的双缝干涉现象，随后电子的干涉现象也在实验中被观测到，那么接下来就是要寻求质量更大或者说尺寸更大的粒子，比如中子、原子、离子乃至分子等粒子的干涉或者衍射现象。1969 年，美国麻省理工学院的中子散射实验的开创者舒尔[1]

◎足球烯的分子结构示意图

◎阿恩特教授干涉实验中使用的分子式

（Clifford Glenwood Shull）教授第一次实现了中子的单缝衍射实验，实验获得的衍射图样和理论预言完美吻合。[2]1999 年，奥地利维也纳大学的蔡林格教授观察到了足球烯 C60 分子的干涉现象，该原子的直径达到了 0.7 纳米，实现了多达 60 个原子组成的系统物质波的观测。[3] 随后，奥地利维也纳大学阿恩特教授（Markus Arndt）团队，接过了接力棒，不断地刷新这一纪录。2011 年，实现了 430 个原子构成的有机物分子（$C_{168}H_{94}F_{152}O_8N_4S_4$）的干涉实验，直径更是达到了 6 纳米。2019 年，实现到目前为止质量最大物质的干涉实验，这一分子包含多达 2000 个原子。

---

[1] 舒尔教授因为开创性的中子散射实验而获得了 1994 年的诺贝尔物理学奖。将中子束流射向给定的实验材料，中子在射到实验材料上时，会受到材料中原子的散射而改变方向，从而获得中子的衍射图样，通过衍射图样就可以了解材料中原子的结构。

[2] Shull, C. G., 1969, Single-Slit DiSraction of Neutrons Phys. Rev. 179, 752.

[3] Arndt, M. et al. Wave-particle duality of C60 molecules. Nature 401, 680-682（1999）.

　　阿恩特教授曾跟随蔡林格教授读博士后，在最近的 20 年当中一直在致力于实现更大规模的量子干涉实验。[1] 阿恩特教授在接受采访时表示，他们的目标是每两年将粒子的质量增加 10 倍，这样的话很快研究的物质的尺度将达到病毒、细菌等微生物大小和质量范围内，虽然他们暂时还找不到处于叠加态的猫，但是只要能够寻找到处于叠加态的生物，那么这对于揭示生命的奥秘来说意义重大。

　　早在 2010 年，德国马克斯·普朗克量子光学研究所主任西拉克[2]（Ignacio Cirac）团队首先构想了一个将病毒置于叠加态的实验方案。西拉克团队利用激光作为光镊将真空中的病毒捕获，再使用另外一束激光将病毒的运动速度尽量减慢。[3] 这样就可以利用单光子将病毒置于运动或者静止的叠加态。实验方案建议使

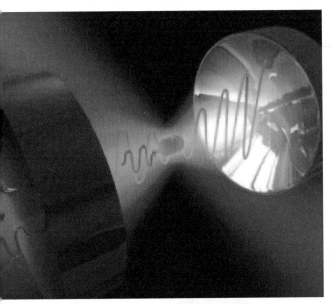

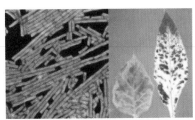

◎显微镜下的烟草花叶病毒和感染了该病毒的叶子

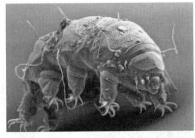

◎西拉克的实验示意图，病毒被捕获在一个腔中，通过光子与实验系统的相互作用实现病毒的叠加态

◎水熊虫，水熊虫的大小为 50 微米到 1.4 毫米不等

---

① Yaakov Y. Fein, Philipp Geyer, Patrick Zwick, Filip Kiałka, Sebastian Pedalino, Marcel Mayor, Stefan Gerlich and Markus Arndt. Quantum superposition of molecules beyond 25 kDa. Nature physics 112, 540 (1923).

② 西拉克教授是离子阱量子计算的先驱，最早在理论上提出了离子阱的量子计算的方案。

③ 这里运用了激光冷却原理，本章第二节将详细介绍。较低的温度更加利于量子效应的展现，而真空则可以减少环境对于病毒的影响。

用烟草花叶病毒，该病毒是 50 纳米宽、1 微米长的杆状病毒。这样的实验方案还将可以拓展到体积更为大一些的微小生物，比如水熊虫。水熊虫在太空的真空环境中可以存活多天。这样的实验将有望开启研究生物体量子叠加态的可能性，这与薛定谔最初的思想实验的思路相吻合，为探究更为基本的生物学问题提供了方案，比如生命和意识的本质等问题。不过，也有研究人员对这样的实验并不看好，他们认为病毒所展现的量子行为不会与一个类似大小的无生命体的物质有任何的不同。但是，很显然的是这样的实验无论是对于基础科学机理的探索还是对于应用科学的研究，都是必经之路。

微观世界的很多状态，并不能在宏观世界找到，比如电子的自旋，宏观世界并没有对应微观世界自旋的物理量，因此，想要找到宏观世界的量子效应，可以试着将一些微观和宏观共同对应的状态来进行实验，比如运动状态和位置信息等等。实验中，研究人员可以将一个很小的量子系统耦合到一个较大系统中，比如一个可以移动的微小镜子或者是一个微小的机械共振器。通过探测微观量子系统叠加态的消失和出现，就可以确认镜子或者共振器是否处于叠加态。另外，除了可以寻找更大物体的叠加态以外，还可以寻找另外一个非常重要的量子效应——量子纠缠。量子纠缠是包括量子计算、量子通信以及精密测量等量子科技的核心资源，如何能够获得更大尺度物质的量子纠缠显得尤为重要。上文已经提到，虽然实验上已经可以实现光子、电子以及离子等在宏观距离上的量子纠缠，但是对于实现宏观尺度物质之间的量子纠缠却是一个非常困难的事情。

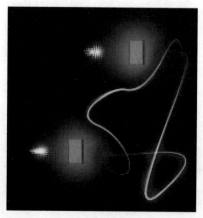

©沃姆斯利教授实验示意图

©钻石和一枚硬币大小比较

　　2011 年，英国牛津大学的沃姆斯利教授团队实现了两个相距 15 厘米的毫米级大小的钻石的量子纠缠。实验中，研究人员将被分束器一分为二的激光脉冲分别照射到两个钻石上，当脉冲光的一部分能量被钻石吸收时，就会引起钻石的振动，脉冲光则由于能量减少，频率则会变低。这样，如果钻石后方光路中的探测器探测到频率降低的光子，则表明脉冲光在激发钻石的振动，然而，由于钻石到探测器的光路是合并的，我们并不知道到底是哪个钻石吸收了能量产生了振动。研究人员经过进一步的研究发现，到达探测器的单个光子会携带两个钻石路径上的信息，也就是说，产生的振动状态是两个钻石共享的，这就说明两个钻石纠缠在了一起。不过，这样的纠缠并不会持续多长时间，仅有七万亿分之一秒。

格罗布拉赫教授团队制作的 10 微米长的硅微束　　西佩兰教授的实验示意图，两个铝制金属片通过一根超导线连接

　　2018 年，荷兰代尔夫特理工大学的格罗布拉赫教授（Simon Gröblacher）团队加工了长为 10 微米，横截面为 1×0.25 微米的硅微束。激光可以穿过硅微束，并且可以与硅微束发生相互作用，这样利用激光就可以将相距 20 厘米的两个宏观的振动状态叠加在一起。同年，芬兰于韦斯屈莱大学的西佩兰（Mika A. Sillanpää）教授团队，实现了两个微小铝制金属片的量子纠缠，这样的宏观物体包含 1012 个原子。两个金属片放置在硅芯片上，用一根超导导线相连，并在其中加入每秒振荡 50 亿次的电流，振荡的电流产生电磁场，而对金属板产生作用力，这样就可以利用电磁场作为媒介将两个金属片的振动状态纠缠在一起，并且纠缠的时间可以达到半个小时，远高于微观粒子几分之一秒的时长。这样的金属片的直径和人类头发丝的直径相当，尺寸已经达到肉眼可见的尺度。当然要实现这样的实验，其条件也是极其苛刻的，整个装置温度设定在绝对零度附近，也就是 –273 摄氏度附近，绝对

的低温对于这样的实验至关重要，后文将详细介绍。

虽然，研究人员在不断地刷新原子数目的纪录，但是不同的原子，其内部组成是截然不同的，不同的原子拥有完全不同的中子数和质子数，并且物质大小的描述也不能仅仅局限在原子数的数目，还有质量、体积等尺度。

二、量子世界也有达尔文进化论吗

量子力学在刚刚诞生的初期，物理学家认为量子力学应该完全被阻挡在宏观世界之外，因为，起初量子力学效应被认为是微观世界所独有。我们在日常的生活中并不会看到处于生死叠加态的猫，也不会出现量子纠缠那样的心灵感应。因此，量子力学理论的先驱们，特别是哥本哈根学派的代表人物玻尔，认为经典的宏观装置对于测量是必需的，而测量正是导致波函数的直接原因，波函数的坍缩解释了量子系统是怎样由叠加态变为宏观世界的确定状态。这样的解释可以说是最早提出的关于微观量子世界向宏观世界转变的解释。然而，这样的解释却为经典世界和量子世界限定了一个尖锐的分界线，微观世界是量子力学的适用范围，宏观世界是经典物理学的适用范围。测量导致量子向经典的转变的解释，一直以来饱受学术界的诟病，比如，爱因斯坦关于月亮的讨论，以及埃弗里特的多世界诠释等等。这就是从量子力学诞生以来，一直困扰着科学家的测量问题。

同时，我们也应当注意到，随着实验技术的发展，量子力学效应已经不仅仅是微观世界的专属，研究人员已经可以在实验室中观察到介观（纳米和毫米之间）乃至宏观尺度的量子力学效应。因此，从实验结果看来，这样明显的分界是想当然的，经典世界与量子世界并没有固定的界限，必定有其他机制在发挥作用。实验上能够观察到越来越大的物体的量子叠加态，但是为什么越是尺度大的物体，越是难以观察到叠加态，我们熟悉的经典世界为什么与量子世界如此不同？量子世界又如何过渡到经典世界？这其中到底是什么样的机制在作怪？这一系列的问题从量子力学诞生之日起就是量子理论中最为核心的基础问题，并且对于建立认识自然的统一理论至关重要。

在双缝干涉实验当中，最能体现量子效应的便是通过双缝后，由于物质波动性而存在确定的相位关系从而产生干涉效应，这一效应在量子力学当中被称作"相干性"。相干性在量子力学理论中有着举足轻重的地位，可以说大量量子力学效应基本上都可以用量子系统之间的相干性来解释，比如，干涉条纹、量子纠缠、叠加态

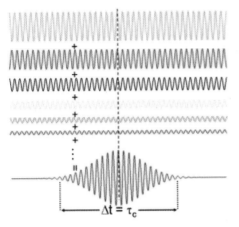
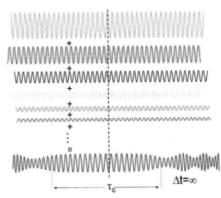

◎几个频率不同的相干波，其相互干涉会形成一个固定的波形

◎互不相干的波，其相互干涉形成的波，相位和振幅都会随机变化

等等。在量子力学中，相干性应该是量子体系中最为基本的属性。因此，经典世界和量子世界最重要的区别就是，在经典世界中，物质失去了相干性，变为确定的状态。

那么物质的相干性是如何消失的呢？这个问题最早由德国物理学家泽贺（H. Dieter Zeh）在 1970 年进行了非常有意义的讨论，[1]他认为，对于宏观系统来说，并不能期待其服从薛定谔方程，因为薛定谔方程仅适用于闭合系统。1985 年，

泽贺教授以"经典属性的显现来源于与环境的相互作用"为题发表文章，阐述了其对于量子世界向经典世界转换机制认识的核心观点，就是与外部环境的相互作用。泽贺教授进行了大量关于退相干效应的研究，在 1996 年，与另外几位物理学家合著了《量子理论中的退相干和经典世界的显现》，对于量子世界向经典世界的转换进行了详细的讨论。

◎德国物理学家泽贺及其出版的著作

一直以来，经典物理学理论

[1] H. Dieter Zeh, "On the Interpretation of Measurement in Quantum Theory", Foundations of Physics, vol. 1, pp. 69-76, (1970).

◎伽利略的铁球自由落体实验

的发展都依赖于孤立系统的假设，并且极富成效。所谓"孤立系统"，就是指在研究某一实验系统时，把周围所有可能影响实验系统的环境因素尽可能地排除掉，从而获得更为准确的实验结果。比如，我们想测量一个人跑步的速度，那么我们一定会找一个没有风的时候去测量，这样获得的结果才更接近真实水平，否则可能因为风速对人的影响而产生偏差。

因此，我们在研究量子系统时，也会自然而然地去设想一个孤立的量子力学系统。然而，这样的假设正是阻碍我们理解量子世界向经典世界转换的关键障碍。然而实际上，即使对于宏观系统来说，我们也无法找到一个完全孤立的系统。在宏观世界，我们不论做什么事情，从来都不会与外部环境相隔离开，即使是在做一些非常精密的实验。因此，我们在解决一些经典物理学问题时，总是要预先设定一个隔离孤立的系统。不过，虽然宏观世界所谓的孤立系统，实际上并不是孤立系统，只是因为外部环境对于宏观物理参数影响微乎其微，并不会对宏观运动规律造成决定性的影响。比如，伽利略为了证明不同重量的铁球从相同高度降落时会同时落地，在比萨斜塔上做了一次实验，最终证明两个铁球同时落地。不过，如果考虑空气阻力影响，并且采取更加精密的测量的话，可能结果就不一样了。因为空气阻力实际上对于两个铁球的作用效果是不同的，那么落地时间会有微小差别，但是并不会影响结论。如果想放大这个差别的话，我们可以把其中一个铁球换成一个羽毛，区别就会很明显地显现出来，空气阻力对于羽毛会形成一个非常明显的阻力作用，结果就是羽毛会滞后于铁球落地。因此，如果想把这个实验做到完美，并且不受实验对象变化的影响，我们应当在一个真空的环境中来做这个实验。

在宏观世界，我们可以通过一些措施和方法尽可能地减轻或者消除外部环境对于实验系统的影响，从而获得一个可靠的结果。但是，如果是微观层面的量子系统，这一点可能就很难做到了。这一点我们从测量问题中也能窥探一二。前文已经提到，对于宏观世界物质的测量，我们可以做到几乎不对研究对象的运动状态产生影响而完成测量，但是微观世界的测量就很难做到这一点了，因为，宏观世界适用的测量方式，放到微观层面以后，会对微观世界产生极大的影响。

我们再考虑一些对于宏观世界可以完全忽略不计，但是对于微观世界来说可能造成很大，甚至是毁灭性作用的因素。在宏观世界，空气的分子对于一个宏观物体的影响，通常可以忽略不计。一束光打到一个宏观物体上，对于宏观物体的影响也是微乎其微的。举个例子，放在足球场地上的一个足球，如果用手电筒照射它，并不会影响它的运动状态。但是对于微观世界，这些影响是巨大的，一束光束照射一个原子，就足以改变其状态，就比如说光电效应，光照可以使得电子直接脱离原子核的束缚而成为自由电子。

当然，除了一些外部因素的直接作用外，微观世界还存在着鬼魅的量子纠缠效应。微观粒子如果没有对其进行任何的隔离，直接置于我们的日常的环境当中，我们可以想象会有多少其他物质与其相互作用。而这样的相互作用会直接导致微观粒子与周围微观粒子产生纠缠，而这样的纠缠会像病毒一样，向更远的微观粒子传播，这样微观粒子的相干性相当于直接暴露在了一个很大的环境当中，而这种暴露是灾难性的，因为量子纠缠是一种无视距离、瞬时的关联，一旦纠缠的粒子受到扰动，原始的那个粒子就会被及时的影响。

举个例子，比如，处于空气环境中一粒浮尘，我们可以想象其初始处于逆时针和顺时针自转两种状态的叠加，在空气中，它将与氧气分子、二氧化碳分子、氮气分子等等相互碰撞作用，并且还会与环境中的各种电磁波相互作用，这些电磁波包含可见光、无线电波等等，这样浮尘很快就会和非常远并且非常庞大的外部环境，甚至是某一个想要测量浮尘状态的宏观仪器产生纠缠。那么，不论远处发生怎样的扰动，都将很快会破坏那粒浮尘的量子态。而这样的一个过程，实际上是浮尘波函数的相位和振幅逐渐变得杂乱的过程，这样，浮尘的波函数的相干性被破坏，干涉效应消失，意味着浮尘的概率性的量子态最终趋于经典状态，这一过程被科学家称作"量子退相干"。

量子退相干过程极其短暂，上述例子中的浮尘的相干性会在 10^{-31} 秒的时间内消失。因此，对于宏观物体来说，比如一个水杯，空气中的气体分子并不会对其宏观运动状态产生影响。但是对于量子力学效应来说，影响却是巨大的，环境中的气体分子，或者即使是一个光子，都可以将量子状态转换为经典状态。因此，像叠加态这样的量子状态是极其脆弱的，哪怕一丁点儿环境的冲击，都会将其破坏。所以如果想要尽可能地维持量子状态，必须要有效地隔离外部环境。因此，当前的很多量子实验系统都需要在超高真空环境中进行，这样才可以尽可能地减少与其他气体分子的相互作用。

另外，对于实验系统本身来说，实验体系的温度和质量能够衡量物质和外界环境的相互作用强度，物质的质量越大，温度越高，则代表了物质与外部世界的相互作用强度越强，退相干时间越短，也就是量子效应存在的时间越短，就越接近日常的宏观世界。退相干时间代表了量子状态的稳定程度，时间越长，量子状态就可以维持越久。宏观世界的物质退相干时间已经短到我们无法察觉，因此，我们无法感受到宏观世界的量子力学效应。实际上，不仅仅是宏观系统中无法完全找到一个完全隔离于外部环境的系统，微观的量子系统也从来都不会是一个完全孤立的系统，而是沉浸在周围的环境当中的一个与环境不断地相互作用的"开放性"系统，而"开放性"正是量子退相干的原因，这就是量子退相干的核心思想。

从 20 世纪 80 年代量子退相干的概念提出后，学术界对于其引发的关于量子基础理论的讨论从未停息。1991 年，量子退相干领域研究的权威，波兰物理学家祖雷克（Woj ciech H. Zurek）在美国期刊《今日物理》中对"退相干"这一概

念进行了详细的介绍，[1] 引发了科学界更为广泛的关注。不过，更多的关注意味着更多的争论。争论的焦点则集中在量子退相干是否能够解决量子力学中的测量问题。即使是退相干理论的支持者也对这一问题持怀疑态度，比如德国海德堡大学的乔斯教授（Erich Joos）认为："退相干解决了测量问题吗？显然没有。退相干告诉我们，物体一旦被观测就会呈现经典性。但是问题是什么是观测？在一些场景中，我们仍然需要应用量子

©波兰物理学家祖雷克

① Zurek, W. H., 1991, Phys. Today 44 s10d, 36.

理论的概率规则。"[1] 但是，在一些文献中经常会有一些模糊的陈述，认为退相干过程等同于波函数的坍缩，甚至解决了测量问题。比如，美国著名的理论物理学家安德森[2]（Philip W. Anderson）认为退相干描述了波函数坍缩的过程，[3] 乔斯教授则认为这种说法毫无根据。2002 年，普林斯顿大学的阿德勒教授（Stephen L. Adler）则专门撰文驳斥了安德森教授的观点，他表示："我认为，无论是详细的理论计算，还是最近的实验结果，都不能说明退相干已经解决了量子测量理论的困难。"[4]

类似上述的讨论还将继续，"量子退相干"这一概念并不能称其为一个新的理论或者是新诠释，因为这一概念并没有脱离标准量子力学理论的框架，也没有在量子理论中添加任何其他新的元素，而是严格地符合量子力学理论，为我们提供了一个新的认识微观与宏观世界的思路。近年来，量子退相干正在被越来越多的人所接受，并且在新兴的量子科技的发展中发挥着重要作用。一方面，量子退相干是量子计算机发展中一个巨大的障碍，因为，由于退相干的存在，导致量子状态不受控发生改变而丢失信息，使得量子计算机相对于传统计算机来说更容易出错。因此，量子计算机需要一个极其苛刻的隔离环境作为保障。不过，另一方面，量子退相干使得量子状态极其脆弱，如果换一个角度来看待这个问题的话，量子状态的脆弱性，实际上是量子状态对于外部环境扰动的极端敏感性，这种敏感程度远远地高于宏观世界的任何仪器，这就为我们探测极其微弱的信号提供了一个新的方案：量子精密测量。

物质的波动性可以用热德布罗意波长来描述：$\lambda_D = \sqrt{\dfrac{2\pi^2\hbar}{mk_B t}}$ 。从该式可以看出，

[1] Joos, E., 2000, in Decoherence: Theoretical, Experimental, and Conceptual Problems, Lecture Notes in Physics No. 538, edited by P. Blanchard, D. Giulini, E. Joos, C. Kiefer, and I-O. Stamatescus Springer, New Yorkd, p. 1.

[2] 安德森教授，是凝聚态物理的奠基人，被称作"凝聚态物理之父"。1977 年，他因在凝聚态物理中的杰出贡献而获得了诺贝尔物理学奖。1972 年，安德森在《自然》杂志发表了他划时代的名篇《多带来不同》（More is Different），该文反思了还原论的局限性，认为不同的层次遵循不同的科学。

[3] Anderson, P. W.（2001）"Science: A 'Dappled World' or a 'Seamless Web'?", Stud. Hist. Phil. Mod. Phys. 32, 487-494.

[4] Adler, S. L., 2003, Stud. Hist. Philos. Mod. Phys. 34 s1d, 135.

粒子的质量越大，温度越高，波长就会越小。因此，物质的波动性只有在微观领域才变得明显，波长也越长。在室温情况下，原子的物质波波长也要小于原子本身的尺度，而对于一个肉眼可见的宏观物体，其物质波波长更是要小于本身尺度的十亿分之一以上，室温下一个人的物质波波长大约为 10^{-25} 米。因此，在日常生活中我们是无法察觉到周围物体的波动性的，当然也不会看到半死不活的猫。

原子钟的超高真空系统

上述分析也为我们探究更大尺度的量子力学效应提供了一个思路，既然量子状态极易受到外部环境的干扰，并且高温会加剧量子状态的消失的速度，那么想要观察到更为稳定、更大尺度的量子力学效应，就需要一个完美的隔离以及低温环境。因此，当前量子实验均是在超高真空环境中进行的，如图所示为原子钟的超高真空系统。基于这一思路，研究人员在超高真空以及极低温度的实验环境下，还发现了更多奇特的宏观量子效应，比如玻色－爱因斯坦凝聚、超导、超流等等，本书后文将细细道来。

量子达尔文主义

量子退相干为我们理解量子世界和经典世界转变奠定了基础。然而，量子退相干虽然解释了叠加态是如何消失的，但是关于测量问题的很多方面并没有解释清楚。在分析量子退相干的过程中，环境仅仅起到了一个扰乱的作用，然而，实际上，环境所起的作用远不止这些，我们能够认识我们周遭的世界，环境在其中起着至关重要的作用。我们知道，世界可以分为主观世界和客观世界。主观世界是指人类的精神世界，包括人类的一切精神和心理活动。客观世界则和主观世界相对，是指除了人类的意识活动以外的一切物质世界。客观世界独立于人类的精神世界而存在，也就是说客观世界并不随着人类意志的改变而改变。打个比方说，一个经典客观属性，好比桌子上一杯盛有热茶的杯子的位置，对于围坐在桌子旁边的不同的观察者而言，通过独立的观察，最终他们所获得的杯子的位置信息都是一致的，不会因为观察者的不同，或者观察者状态的不同而出现偏差，这就是经典世界的一个客观属性。然而，对于一个量子系统，其经典客观属性是如何在一次观察中显现出来的呢？

波兰物理学家祖雷克在量子退相干的基础上提出了更为完备的量子－经典过

从原始生命进化出的纷繁复杂的地球生命系统

渡理论：量子达尔文主义。[1] 从字面意义，我们就可以窥探量子达尔文主义的核心要义。在生物学上，达尔文的生物进化论用"物竞天择，适者生存"阐述了自然环境是如何选择生物的优良性状，促进了生物的进化，最终展现在我们眼中的纷繁绚丽的生物世界正是自然环境选择的结果。

量子达尔文主义认为，对于我们人类所观察到的世界，无论是微观世界还是宏观世界，也是环境选择的结果，我们之所以不能直接看到一个处在叠加状态的量子系统，是因为环境的选择作用，脆弱的量子叠加状态会被环境所"淘汰"，而更为稳定的宏观经典状态则在竞争中"生存"了下来。这就好像环境在观察者和量子系统之间建立了一个通道，只有经典状态可以通过这一通道被观察者感知，量子状态则被"淘汰"了，从而导致了量子状态向经典状态的转换。"生存"下来的经典状态，祖雷克将其形象地称为"指针状态"（pointer states），因为这样的状态可以被编码为宏观测量仪器上指针的偏转状态，也就是宏观世界可以观察到的确定的状态。

◎电流表表盘上的红色指针

之所以"指针状态"能够免疫环境对其的影响而"生存"下来，是因为"指针状态"是一种更为适应环境的状态，退相干作用不会扰乱它们。这就好像高个子的长颈鹿和矮个子的长颈鹿，高个子长颈鹿由于能够吃到更高树上的树叶，那么高个子长颈鹿就具有了更强的适应能力，从而能够生存下来，就好像"指针状态"。而矮个子的长颈鹿由于无法吃到高树上的树叶，从而被环境所淘汰，就好像其他的被淘汰的量子态。退相干的作用就好像这里的树木，对长颈鹿进行了选择和淘汰。

◎生物的进化和淘汰

①W. H. Zurek, Quantum Darwinism. Nat. Phys. 5, 181（2009）.

同时，另一个非常关键点在于，"指针状态"是一种客观存在的状态，不会随着观察者的变化而变化，那么我们习以为常的客观性是怎么显现的呢？祖雷克认为，我们观察某些属性的能力不仅取决于它是否被选为指针状态，还取决于它在环境中的足迹有多大。在具体解释这一观点之前，我们先来考虑生物学上的达尔文进化论。一些物种之所以能够生存下来，不仅仅是因为其对于环境的适应能力，还在于物种的繁殖能力，这两点可以说是相辅相成，适应能力促进其繁殖能力，而繁殖能力则为适应能力提供了保障。生物界的产子冠军要数翻车鱼，翻车鱼一次产卵可达 3 亿颗，高繁殖能力确保了翻车鱼繁衍。

© 翻车鱼

我们再来考虑量子达尔文主义，"指针状态"不仅具备强大的适应能力，并且同样具有惊人的"繁殖"能力，它们最擅长在环境中制造自身的复制品，从而尽可能地将自身的足迹散布在更广的环境当中。这样对于许多不同的观察者而言，虽然其观察同样一个物体时，其眼睛接受的是不同的光子所携带的信息，但是由于"指针状态"制造了大量复制品，这些复制品导致观察者最后能够对物品属性的描述达成一致，也就形成了我们眼中的客观世界。

另外，量子达尔文主义还能很好地解释了为什么在不同的条件下，"指针状态"会有不同的表现方式。粒子的波粒二象性是一种基本的量子属性，但是在宏观世界中我们并不能观察到粒子这种波动性和粒子性共存的状态，我们只能在某种定义明确的测量方式中，观察到与其对应的状态。这也是玻尔互补原理所描述的内容，环境属性的不同，决定了可以从量子系统复制到环境中信息的种类。目前的科学研究表明，地球上最原始的生命诞生于海洋，随后随着地球环境的变迁和物种的进化，一部分生物随着环境的选择作用登上了陆地，并进一步进化形成了我们现在看到的纷繁复杂的陆地生态系统，另一部分留在海洋中的生物则进化形成了色彩斑斓的海洋生态系统。这就是生物学上的互补原理，不同的环境决定可以从生物信息系统中继续在环境中复制的生物信息种类，这就导致海洋生物和陆地生物表现出了截然不同的生物学性状。"指针状态"在环境诱导选择过程中所表现出的特征和生物学上的优势物种惊人的相似，这也就是祖雷克为何将这一理论称为"量子达尔文主义"的原因。

三、极寒之地：玻色-爱因斯坦凝聚

普朗克虽然提出了普朗克公式，解决了黑体辐射谱线的问题，但是其本人始终没有从本质上认识到普朗克公式的深刻内涵，反而朝着一个错误方向去努力，试图将普朗克公式纳入经典物理学的体系，这样注定不会成功，最后泄漏天机的是一个名不见经传的印度年轻物理学家萨特延德拉·玻色（Satyendra Bose），并且他与爱因斯坦一道预言了一种全新的物态——玻色－爱因斯坦凝聚（下文简称 BEC）。

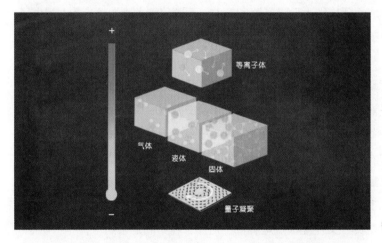

©物质的各种状态

BEC 是一种所有原子都聚集到最低能态的宏观量子效应，并且具有非常多的不同寻常的特性，也被称作"物质的第五态"。常识告诉我们，同一种物质可以有三种状态：气态、液态还有固态。通过改变物质的温度，可以分别获得物质的三种物态，比如，我们可以通过加热水的方式，获得水蒸气，可以将水放入冰箱，来获得冰块，水蒸气冷却又可以获得液态水。但是，除了这三种物态，实际上物理学家根据物态性质的不同，还划分了另外几种奇妙的物态。比如，物质的第四态——等离子态，物质的第五态——玻色－爱因斯坦凝聚，物质的第六态——简并费米气体，等等。那么，如何才能获取 BEC 呢？途径就是要获取世界上最低的温度。

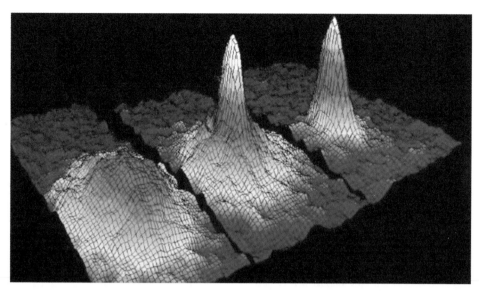

物质的第四态：玻色－爱因斯坦凝聚态

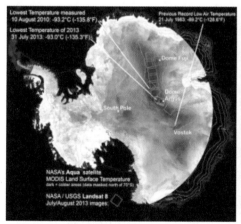

南极洲测量到的一些极地的温度

5000 光年以外的布莫让星云

预言新的物态

1923 年，年仅 29 岁的印度物理学家玻色提出了一种对黑体辐射公式的全新推导，他认为热辐射是由一团不可分辨的粒子组成的，这就导致了一个与宏观态相对应的微观状态数目的改变。这其中就要涉及一个微观世界区别于宏观世界的重要概念——全同粒子。

在宏观世界，两个乒乓球的重量、半径等性质可以做到近乎完全一样，但是想

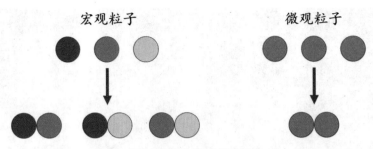

©宏观态和微观态状态数的改变

要做到完全一模一样却比登天还要难，因为在经典物理学体系中，各种物理量都是连续可调的，两个乒乓球性质可以做到无限接近，但永远无法做到完全一模一样，总会有可以区分的差别存在。因此，在经典物理学中，不会有全同粒子这样的概念，那么想要复制一份完全一样的达·芬奇的《蒙娜丽莎》或者《清明上河图》，也是完全不可能的。但在微观世界中，就大不一样了。量子力学中物理量的取值是分立的，取值要么是1要么是2，不会有中间的其他的数值，也就是说，两个粒子要么完全一样要么完全不同。这样，微观世界的粒子就表现出了全同性。那么，这样的全同性就会导致一个完全区别于宏观物体的统计结果。举个例子，假如宏观世界的三个乒乓球，取其中的两个乒乓球进行排列组合，由于三个乒乓球不会完全相同，那么这样两两组合的状态会有三种情况。但是，如果是微观的全同粒子的话，那么两两组合的状态只会有一种情况，这就会导致微观粒子的统计规律区别于宏观粒子。

玻色将他的论文寄给伦敦《哲学杂志》（*Philosophical Magazine*），希望得到发表，但是，由于当时玻色还是一个名不见经传的小人物，稿件很快就被退回。于是他把论文寄给了爱因斯坦，希望得到他的帮助。爱因斯坦看了论文以后，非常赏识玻色的这一全新理论，不但亲自把它翻译成德语，还以玻色的名义把论文发表到了德国的《物理学刊》①（*Zeitschrift für Physik*）。后来爱因斯坦将该计算方法推广到被看作是由不可分辨的全同原子组成的理想气体上，得出了区别于经典统计理论的玻色－爱因斯坦统计理论。基于该统计理论，爱因斯坦预言，只要把物质温度冷却到足够低，所有的粒子将趋于同一最低能态，这便是玻色－爱因斯坦凝聚（Bose–Einstein condensation，BEC），如图所示。

那么，这个足够低的温度需要多低呢？BEC的典型温度是0.00000001K，也

---

① 德国的《物理学刊》创立于1920年，于1997年停刊合并到其他期刊。

就是 –273.14999999℃。举几个温度的例子，我们就可以知道这个温度有多低。地球上所能测到的最低温度是零下 93 摄氏度，是在南极大陆一座高山上测到的；浩瀚宇宙已知的最低温度是在距离我们 5000 光年以外的布莫让星云，这是一个由正在走向死亡的恒星喷射而形成的气体和尘埃组成的云团，由于其在喷射过程中不断对外做功，使其不断变冷，其温度为 1 开尔文，这是人类目前发现的唯一低于宇宙背景辐射温度的天体（宇宙微波背景辐射的温度为 2.7 开尔文，是宇宙大爆炸残留在宇宙空间的热辐射）。开尔文是热力学温标，以热力学的创始人之一开尔文勋爵的名字命名，是国际单位制中的温度单位，符号为 K。开尔文和摄氏度变化快慢一样，也就是温度每变化 1K 相当于变化 1℃。但是，两个温标的温度起点不同，开尔文以绝对零度为起点，也就是以热力学上温度的最低下限值 0K 为起点，0K 只是理论的下限值，绝对零度是无法达到的。摄氏度则是为了方便日常对温度的衡量，零度是以冰水混合物的温度来定义的，0℃等于 273.15K，也就是说 0K 等于 –273.15℃。因此，BEC 的温度要比自然界中已知的最低温度还要低 8 个数量级，基本接近绝对零度。

玻色在推导普朗克公式时的研究对象实际上是光子，前文我们已经提到光子的自旋为 1，那么光子就属于玻色子。玻色子，总自旋为 1/2 的整数倍，比如，光子、声子、氘核、介子，以及被称为"上帝粒子"的希格斯玻色子（自旋为 0）等。和玻色子对应的还有费米子，总自旋为 1/2 的奇数倍，比如电子、质子、中子等。玻色子和费米子在性质上存在很大的差别，其中很重要的一点就是费米子要遵循泡利不相容原理。那么，为什么费米子和玻色子会产生如此不同的特性呢？我们可以通过粒子的全同性和波函数来进行分析。

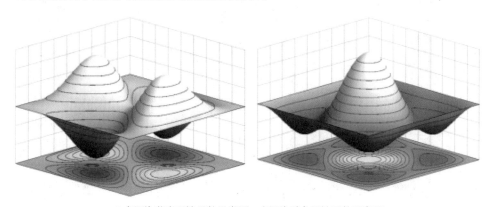

◎左图为费米子波函数示意图，右图为玻色子波函数示意图

全同性，或者说不可分辨性，是指微观粒子本身。如果想要区分微观粒子，比如电子，就要从电子所处的能级的不同来入手，就好比如果有两幅微观的全同《清明上河图》，一幅在北极一幅在南极，这样我们就可以按照地域将两幅画区分开来。但是，如果两个微观粒子 a 和 b 的波函数在某一区域重叠了，这就是说，在这一区域既可能找到 a 粒子也可以找到 b 粒子，那么如果在这一区域发现一个粒子，我们就无法区分该粒子是 a 还是 b。如果全同粒子是费米子，比如电子，考虑多个电子组成的系统，由于费米子的自旋为 1/2 的奇数倍，那么在数学上，全同多电子系统的波函数是反对称的。如图所示，如果交换任意两个全同电子，就会导致波函数正负号改变，但是由于两电子的全同性，那么这样的话，波函数只能变为 0。因此就会导致两个全同的费米子不能同时占有相同的量子态。0 则是两个电子不可能在同一区域处于同一量子态。如果从另一个角度来描述的话，如果两个费米子拥有完全相同不为 0 的波函数，那么它们一定不在同一个区域，表现为尽可能的相互远离，这就是泡利不相容原理。这就会导致波函数变为 0，就是说当两个费米子在相同的区域拥有完全相同的波函数时，波函数只能为 0。而对于玻色子，由于其波函数是对称的，全同的两个玻色子进行互换，不会影响波函数的符号，则不会有这

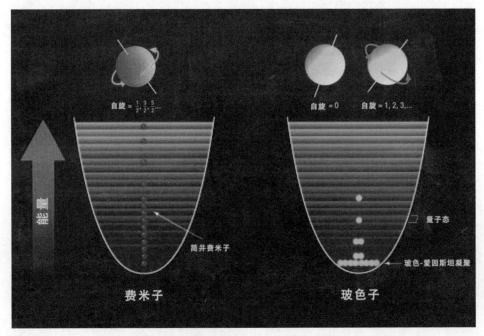

◎右图为玻色－爱因斯坦凝聚（BEC），左图为简并费米气体（DFG）

种限制，表现为在同一区域，任何数量的玻色子都可以处于同一量子态。

因此，1926 年，狄拉克和费米分别独立地（费米稍早）意识到遵循泡利不相容原理的电子的统计规律并不符合玻色 – 爱因斯坦统计理论，他们仍然假定了粒子的全同性，但是强加了每个能态占有数不可能大于 1 的条件，对能态进行了新的计数，这就是费米 – 狄拉克统计，温度足够低则获得简并费米气体（degenerate Fermi gas，DFG）。与 BEC 不同的是，粒子形成 DFG 后，所有粒子将由低到高，先从最低能级开始占据，形成费米海（Fermi sea）。1945 年 12 月 6 日，狄拉克在巴黎发表的演讲中，第一次将符合两个统计规律的粒子分别称作"玻色子"和"费米子"。

降温！

那么，如何才能获得玻色 – 爱因斯坦凝聚体（Bose–Einstein condensates，BEC）呢？基本思路和获得冰一样，要对原子进行降温。然而，实际操作却要比获得冰块困难多了，因为获得 BEC 所要达到的温度比冰的温度要低太多了。

最初，科学家使用经典物理学的液体蒸发、气体膨胀做功等方式来进行冷却。液体蒸发就是通过混合两种液体 A 和 B，所要冷却的目标液体 A 的沸点要低于液体 B，通过不断地蒸发掉液体 B，而带走整个体系的热量，从而降低液体 A 的温度，这一方法，后文还将提到。通过反复地重复压缩气体和对外做功的经典物理学的方式来降低气体的温度，并最终获得液化的气体，也是一种行之有效的方法。实际上，气体膨胀做功的方法就是让高压气体不断向低压区域膨胀做功，从而使气体内能减小，温度降低。

为了获得较低的温度，就要选取沸点低的气体作为

热力学创始人之一—开尔文勋爵

荷兰物理学家昂内斯

名称	K（热力学温标）	℃（摄氏温标）
氦	4.22	−268.93
氢	20.28	−252.87
氖	27.07	−246.08
氮	77.36	−195.79
氟	85.03	−188.12
氩	87.30	−185.85
氧	90.20	−182.95
氪	119.93	−153.22
氙	165.03	−108.12
氡	211.3	−61.7
氯	239.11	−34.04

◎几种气体的沸点

液化的对象。表中所示为几种常见气体的沸点。因此，为了尽可能获得最低的温度，液化的对象就要选择氢气、氦气这样沸点极低的气体。1898 年，苏格兰物理学家詹姆斯·杜瓦（James Dewar）液化了氢气，获得了 20.5K 的低温。最终，1908 年，著名的低温物理学家海克·昂内斯（Heike Onnes）在前人研究的基础上，利用液态氢做预冷却，并通过降低液氦蒸气压的方法成功液化了当时被称作"永久气体"的氦气，获得了 4.2K 左右的低温。这个温度已经基本上接近绝对零度，因此昂内斯也被称作"绝对零度先生"。

由于液氦极低的温度，液氦就可以成为一种非常好的冷却剂。1911 年，昂内斯通过液氦的冷却，将汞的温度降低到了 4.15K。昂内斯意外发现，当汞的温度降低到这个温度时，汞的电阻消失了，这就是最早发现的超导现象。超导现象至今仍是科学家研究的一个重点领域，因为，超导对于人类社会科技发展极其重要。由于输电线路和电子元器件都存在电阻，这就会导致不可避免的发热问题，这样不仅会造成输电线路电能的损耗，发热问题也会造成电子元器件性能的降低和老化，因此，当前大规模的集成电路都需要配备相应的散热系统。对于这一点我们深有体会的就是手机、电脑等电子产品的发热问题。为了能降低输电线路电能损耗问题，当前的解决方法就是利用高压输电的方式来降低热能损耗。如果当前能够获得超导的输电线路，那么将极大地节省电能。同时，如果有超导芯片，那么我们日常的电子产品的性能将有极大的提升。不过，当前我们想要获得超导，必需的一个条件是低温，因此，超导很难用于实践。如何获得常温下的高温超导体，就是我们研究超导所追求的目标。昂内斯因为"液化氦气以及对于低温物质性质的研究"而获得了 1913 年诺贝尔物理学奖。

在低温下，物理学家还发现了另外一个重要的量子现象——超流性。1937年，苏联物理学家彼得·卡皮察等人第一次发现，当液氦的温度降到低于2.17K时，观察到液氦能够沿着管径为0.1微米的毛细管流动，而没有任何黏滞现象，这就是液氦的超流现象。所谓"超流"，可以类比超导，超导是电子的移动不会有电阻的阻碍，而超流则是液体在流动时，不会和平常的液体那样存在黏滞性。如图所示，展示了处于超流体状态的液氦两个奇特的现象。当液氦处于超流体状态时，液氦会从杯子内部，沿着杯壁流到杯外。在液氦中插入一根细管，如果对细管进行加热，那么液氦便会顺着细管上升，并形成喷泉，这一现象被称作"喷泉效应"。超流所展示的这些特性，是我们在平常所见的液体中看不到的。

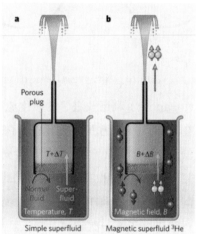

○处于超流体的液氦

那么，为什么在低温下，会产生如此奇妙的现象呢？1937年，美国杜克大学的伦敦（F. London）教授首次提出液氦超流相变本质上是量子统计现象的凝聚行为。后来，在实验上的确观察到了BEC，但是只有十分之一凝聚体。虽然液氦中有一部分原子达到了凝聚态，但是这是液体，原子之间的相互作用太强，掩盖了产生的凝聚特征，这与爱因斯坦所考虑的理想气体差别较大，因此，其并不是理想的研究系统。

超导性和超流性是在人类不断刷新低温纪录时的意外发现，但是这样的温度，距离理论上获得BEC的温度，还有几个数量级的差距。但是，经典的降温方式，已经遭遇瓶颈，如果还是使用常规方法来降温，人类已经很难再进一步降温了，因此，必须寻求新的降温法。为了获得这样一个极低的温度，科学家进行了大量的实验和理论探索。

人类开始寻求实现超冷原子实验的一个重要的进展，起始于 1959 年。这一年，美国芝加哥大学的赫克特（Charles E. Hecht）教授提出物质原子的电子只要

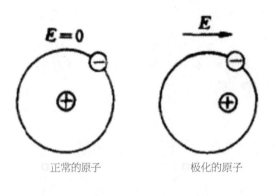

是极化的，那么在极低的温度下甚至在 0K 时（比如氢原子），物质仍可以保持气态。如图所示，为极化后的原子与原始原子的对比。正常原子由于正负电荷的中心重合，而不显电性。当把原子置于电场中时，原子的电子云的电荷中心会产生偏移，从而产生一个电偶极矩。

正常的原子   极化的原子

1976 年，爱荷华大学的史瓦利（Willian W. C. Stwalley）和诺萨诺（L. H. Nosanow）利用改进了的极化氢原子的相互作用势，进一步证明极化氢原子不存在液相。另一方面，由于氢原子的原子质量较小，其实现 BEC 的临界温度不会太低，而且氢的原子结构的简单性允许将实验结果与理论计算进行非常精确的对比。基于这两点原因，学者们开始考虑使用自旋极化的氢气体来实现 BEC。1980 年，阿姆斯特丹大学的西尔韦拉（Isaac F. Silvera）和瓦尔拉芬（J. T. M. Walraven）对氢进行了第一次尝试。二人利用一个由 1K 液氦薄膜覆盖并且处于高场（大概 7T）的气室以及一个处于低场的离解器组成的系统，第一次制备了长寿命的极化氢气体。但是，这样的系统存在着先天不足，因为这样的装置是通过气室气壁来束缚氢原子，原子的热运动会导致氢原子不断地碰撞气壁，并附着在液氦薄膜上。这样使得气室内无法聚集足够的氢原子，导致氢原子密度较低。

为了解决有壁囚禁的问题，学者们设计了磁阱和光阱。所谓"磁阱"，就是在一个区域内构建一个中心磁场低、周围磁场高的区域，然后获取更容易趋近于低磁场区域能态的原子，这样原子就会被束缚在磁场低的区域，这就好像磁场构建了一个无形的气壁，阻碍了原子向周围扩散。1985 年，纽约州立大学的菲利普斯（William D. Phillips）等人第一次在实验上实现了磁阱对于 Na 原子的囚禁。该实验利用两个对向放置分立的同轴线圈来实现，这样形成的磁力线如图所示，两个线圈的中间磁

力线稀疏，磁场较小，而远离中心的区域磁力线密集，磁场较高，这样只要将 Na 原子制备到低场趋近态，就可以将 Na 原子囚禁到中心区域，从而形成磁阱，Na 原子俘获时间可以达到 0.83s。

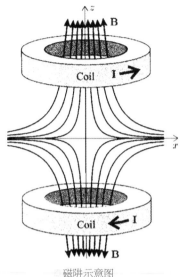

磁阱示意图

另外一种无壁囚禁是光阱，磁阱是通过调整磁场的大小来实现对于原子的囚禁，而光阱顾名思义就是通过调节光来实现原子的囚禁。不过，这里需要补充一个知识点，激光与原子的相互作用，可以分解为两部分，一部分是散射力，另一部分是偶极力。所谓"散射力"就是原子不断吸收某一方向的光子，并且随后随机朝一个方向自发辐射光子过程，这样，总的作用力实际上就是持续给原子一个固定方向的作用力，这个力的方向朝着吸收的光子的那个方向。由于散射力作用需要吸收光子，因此，只有光子的频率接近或者等于原子能级的跃迁频率，才会显现较强的散射力。虽然散射力会给原子一个定向作用力却无法实现囚禁，但是散射力可以在原子冷却中发挥巨大作用。

偶极力则是由于光与原子的相互作用，使得原子产生一个感应的电偶极子，这样原子则会受到一个偶极作用力。当光的频率大于原子跃迁的频率时，原子会受到指向光弱的方向的偶极力，表现为远离光束；而当光的频率小于原子的跃迁频率时，原子就会受到指向光束强的方向的偶极力，表现为趋光性。光阱则正是利用了偶极力的这种特点，使用频率远小于原子跃迁频率的激光实现了对于原子的囚禁。

©阿什金

1986 年，贝尔实验室的朱棣文[1]和阿什金（A. Ashkin）合作利用单束强聚焦的高斯光束构成一个光学偶极力阱，成功俘获 500 个 Na 原子，

---

[1] 朱棣文（Steven Chu），著名华裔物理学家，因发展了"激光冷却和捕获原子"的方法，获得了 1997 年的诺贝尔物理学奖，并且于 2009 年至 2013 年担任第 12 任美国能源部部长。

囚禁时间达到了数秒钟。实际上，阿什金从 1970 年开始就一直致力于激光囚禁冷却的研究，并且在 1978 年提出利用原子将光学偶极力用于三维中性原子的俘获的实验方案，其早期的实验和理论积累为朱棣文的开创性实验奠定了基础。阿什金也被称作"光镊之父"。所谓"光镊"就是利用偶极力来实现对于原子乃至更大微观粒子的捕获和操控，就像是一个镊子一样，故而得名。

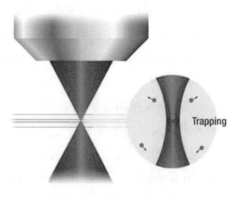

◎光镊示意图

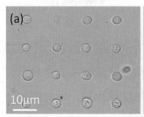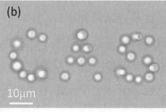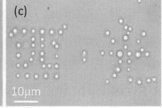

◎通过全息光镊技术排列的酵母菌细胞和二氧化硅小球

◎朱棣文

光镊在很多方面具有重要的应用价值。光镊应用于生物学和医学上，可以用来抓取单个细菌、细胞或者 DNA 分子。比如，在 1987 年，阿什金实现了烟草花叶病毒和大肠杆菌的捕获。这样的实验对于研究微观尺度的生命现象具有重要的意义。比如，研究分子马达，分子马达可以类比宏观世界的马达，宏观世界的马达可以为汽车、飞机、火车等交通工具提供动力，而分子马达可以为细胞内的物质传递、DNA 复制、蛋白质合成等生命现象提供动力。分子马达由生物大分子构成，利用光镊技术可以实现对其观测和操控。此外，光镊还可以应用于量子光学、纳米技术等更多领域。2018 年，已经 96 岁的阿什金，因为其对于光镊技术的卓越贡献获得了诺贝尔物理学奖，阿什金也成为有史以来年龄最大的诺贝尔物理学奖获得者。[1]

光阱和磁阱二者各具优势，磁阱能够很好地从气体背景中俘获原子，为随后进一步的实验打下基础，但是，磁阱仅仅可以囚禁低场趋近态的原子，为了能够脱离原子能带的束缚，我们还需要光阱囚禁，因为光阱无需考虑原子的能态，这样在随后的实验中就可以自由地改变原子的能态而不需要考虑束缚原子的问题。虽然光阱和磁阱解决了有壁囚禁带来的问题，但是无壁囚禁原子技术无法使用有壁囚禁中传统的冷却方式，为此科学家发展了新的冷却技术：激光冷却技术和蒸发冷却技术。

我们知道，物体的冷热程度本质上是由物体内部分子无规则热运动的剧烈程度来决定的，分子的热运动越快，那么物体的温度就会越高，反之亦然。实际上，在室温下空气热运动的速度比声音的传播速度（约340m/s）还要快，而氢气热运动的平均速度要比最快的喷气式飞机的速度（约800m/s）还要快。因此，想要进一步降温，从微观层面来看，就需要降低分子运动的速度，激光冷却也就应运而生了。

气体	20℃平均速度 [m/s]
氢	1754
氦	1245
水蒸气	585
氮	470
空气	464
氩	394
二氧化碳	375

◎各种气体在20℃时，原子热运动的平均速度

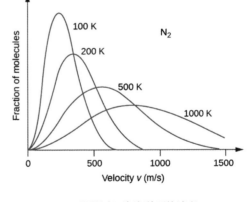

◎不同温度下氮气的平均速度

激光冷却的基本原理就是利用光和原子相互作用的散射力来降低原子的移动速度。如图所示，当原子朝一个方向移动时，如果此时有一束反向传播的激光束射到

---

[1] 年龄最大的诺贝尔奖获得者，是2019年因对锂电子发展做出杰出贡献而获得诺贝尔化学奖的美国材料科学家约翰·古迪纳夫（John Goodenough），获奖时的年龄为97岁。

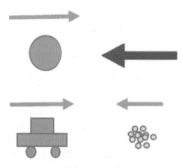
激光冷却示意图

原子上，那么如果原子吸收了光子，由于原子和光子整体的动量守恒，原子的速度就会降低。原子吸收了光子后，原子会由基态跃迁到激发态，而激发态的原子还会自发辐射出光子返回基态，这样原子还可以继续吸收光子，形成一个循环往复的过程。同时，由于自发辐射的光子的方向是随机的，因此，发射的光子整体上不对原子的速度产生影响，但是如果原子能够始终吸收和它运动方向相反的光子，这样周而复始，大量光子不断地被吸收和自发地辐射出去，积累下来的效果就是原子的速度降低，从而达到了降温的目的。这个过程就像一辆汽车朝南行驶，那么如果一个乒乓球反向打到汽车上，就必定会给汽车一个反向作用力，不过，一个乒乓球所起的作用有限，但是如果是成百上千个乒乓球，这样就会形成显著的减速效应。我们可以通过调整激光的入射方向、激光的波长来对不同运动方向和速度的原子进行选择性的降速，从而不断将原子的速度降低。这样可以将原子的速度降到 μK 量级，也就是 0.000001K。这样的温度对于传统的降温技术来说是不可想象的。

那么，怎么才能使原子始终吸收一个方向的光子呢？这里就要运用多普勒效应了。多普勒效应由奥地利物理学家克里斯琴·多普勒于 1842 年提出，并以其名字来命名。多普勒效应是一种我们常见的现象。比如，一辆迎面驶来的急救车，警笛声的音调会逐渐升高，这是由于急救车和听者相互接近，使得声波的波长被压缩；同理，如果急救车是驶离的话，听者感觉到的声波的波长会变长，频率变小，音调降低。这就是多普勒效应，如图所示。当然多普勒效应不仅仅适用于像声波这样的机械波，还适用于电磁波和引力波。

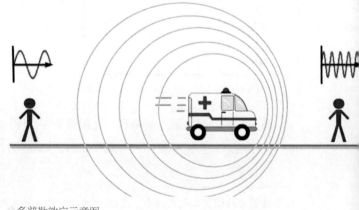
多普勒效应示意图

因此，如果想要原子只吸收反向的光子，只需将激光的频率调整为略小于原子共振跃迁频率，这样和激光传播方向相反的原子感受到的波长会变短，频率会变大，这样就实现了原子只吸收和其运动方向相反的光子。因此，激光冷却技术又被称作"激光多普勒冷却"。1985 年，朱棣文等人第一次利用 Na 原子实现了"光学粘胶"，成功将原子冷却到了 240μK。"光学粘胶"冷却技术是利用六束相互对射的激光构成，激光频率略小于共振频率。当原子朝一个方向运动时，由于多普勒效应，反方向传输的激光的频率会更接近于原子的共振跃迁频率。因此，由于散射力的作用，原子会被减速。激光对原子的运动形成一个阻尼力，粒子就像在蜂蜜这样的黏性液体中运动一样，会受到很大的黏滞力，因此这一过程被形象地称作"光学黏胶"或者"光学糖蜜"。尽管"光学黏胶"可以实现对于原子速度的降低，但其并不构成阱，无法对原子实现有效的囚禁。

1987 年，贝尔实验室的拉布（E. L. Raab）以及朱棣文等人首次实现了磁光阱（magneto-optical trap，MOT）。磁光阱由一对四级线圈和六束相互对射的红失谐圆偏振光激光构成，如图所示，四级线圈构造的磁阱特点是，中心磁场为 0，中心点周围磁场升高，这样就形成束缚原子的磁阱。六束对射的激光则会对处于磁阱中的原子进行减速，并且由于周围磁场的升高，在有磁场的情况下，由于塞曼效应的作用，会引起能级的变化，会进一步导致对射的激光会对不在中心的原子产生一个指向中心的散射力。这样就实现了原子的有效囚禁和减速。磁光阱技术具有较大的速度捕获范围，可以在原子较低密度较低蒸汽的气室中俘获原子，法国巴黎高等

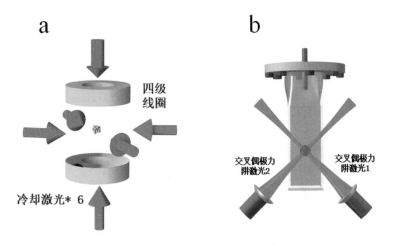

磁光阱示意图（a）和交叉偶极力阱示意图（b）

师范学院的物理学家科恩－塔诺季（C. Cohen-Tannoudji）教授对磁光阱的评价是："磁光阱最引人注目的特性就是他的结实耐用。"该技术现在已经成为大部分冷原子实验最初从背景中俘获原子的起步工具。

然而，利用激光冷却存在几点不足：1. 激光冷却对氢并不是十分有效；2. 激光冷却可以把原子冷却到多普勒温度极限下，但是高于反冲极限，多普勒极限就是由于原子自发辐射导致的反冲动量而造成；3. 在保持高密度的原子气体情况下，激光冷却不能将温度降低到 μK 以下，因为除了温度这一关键参数，较高的密度是实现 BEC 的另一必要参数。

在激光冷却的基础上，想要进一步冷却，还需要另一项重要的冷却技术：蒸发冷却。蒸发冷却可以说是我们日常生活中最为常用的一种冷却方式，几乎我们每天都会用到。比如，我们在喝热茶水的时候，总会不自觉地先吹一下杯中的茶水，这个动作实际上就是利用了蒸发冷却的原理，通过不断地将茶水上方的热的水蒸气吹走，加快茶水的进一步蒸发，蒸发的水蒸气带走了茶水的热量，从而达到降温目的。蒸发冷却同样也可以应用到冷原子的实验当中去，通过一些特殊的方法将体系中较热的原子"吹"走，剩下的温度较低的原子重新平衡，温度就降低了。蒸发冷却不仅可以实现极低的温度，而且可以获得极高的原子云密度，这对于实现 BEC 来说至关重要。不过，这一技术虽然在原理上很好理解，但是在微观层面，想要实现这一过程却是不容易的。

利用蒸发冷却原理来进行原子降温的思想最早由美国贝尔实验室的哈罗德·赫斯（Harold H. Hess）于 1986 年提出。在冷原子实验中，蒸发冷却的基本原理就是：使囚禁在势阱中的比较热的原子溢出阱外，剩下的原子经过弹性碰撞重新达到热平衡，使整个体系温度降低。最初，蒸发冷却是通过降低线圈电流来降低磁阱阱深度，从而来进行强制蒸发，然而这种方法并不是十分有效，因为磁阱阱深的降低，

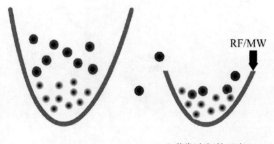

◎蒸发冷却的示意图

就好像把一个杯子形状的阱变成了一个盘子形状的阱，这样对于原子的束缚能力降低，原子的密度也会变低，这无助于实现 BEC。

为了能够较为高效地去除较热的原子，但又不改变阱深，就需要设法在原子身上做文章。一个很好的方法就是通过改变原子的能态来实现。由于磁阱中束缚的原子是低场趋近态，那么如果能够改变热原子为非束缚能态，这样热原子就会逃离磁阱，从而达到降温的目的。为了改变原子的能态，实验上可以通过使用射频频段[1]的电磁波来驱动束缚能态原子向非束缚能态转变，来实现精确控制蒸发冷却过程。而对于光阱，通过降低光强的强制蒸发可以实现有效的蒸发冷却。另外，光阱不仅可以使用单束聚焦的激光来实现，还可以通过两束相互交叉的激光来实现，并且交叉光束的交点处可以实现相较于单束激光更为紧密的囚禁，这就是交叉偶极力阱，如图所示。

上文提及的是几个重要的超冷原子实验技术的发展，为 BEC 的实现奠定了坚实的基础。当然，要实现 BEC，上述技术还远远不够，还需有世界各国更多的学者前仆后继、孜孜不倦的追寻，以及更多实验技术的进步和理论的完善。

预言兑现

由于氢原子只含有一个质子和电子，导致氢原子具有最为简单的原子能级结构。因此，氢最初被学者们认为是实现 BEC 的理想候选物。1988 年，学者第一次利用强制蒸发冷却，对氢气体进行了冷却，获得了几 mK 的低温。1991 年，学者们进一步优化实验，实现了 $100\mu K$ 的低温。不过，在氢气实验有条不紊地发展的同时，碱金属凭借一些冷却优势后来居上，率先实现了 BEC。

碱金属原子最显著的一个优点是激光冷却技术对其冷却的高效性。由于激光冷却是一个不断地吸收和辐射光子的循环过程，因此，要在元素本身找到合适的能级来实现"循环跃迁"。我们知道，碱金属原子包括锂（Li）、钠（Na）、钾（K）、铷（Rb）、铯（Cs）、钫（Fr）六种金属元素，它们有一个共同特点就是最外层只有一个电子，这样的结构不仅使得碱金属具有非常活泼的属性，极易与其他物质发生化学反应，而且还导致原子的能级结构非常简单，从而能够非常容易地找到合适的循环跃迁能级。反观其他最外层电子多于 1 个电子的元素，由于复杂的能级结构，

---

[1] 射频频段的电磁波也被称作"无线电波"，频率范围在 300kHz~300GHz。由于这一频段的电磁波波长较长，可以很好地绕过障碍物传播，因此，这一频段可以被广泛地应用于无线电通信。

极易导致原子自发辐射后，原子变为暗态。处于暗态的原子无法再吸收光子返回到循环跃迁当中去，导致无法继续冷却。

另一方面，由于碱金属原子具有较大的散射长度，使其具有较大的弹性碰撞率，从而降低了有效蒸发所需的时间，极大地提高了碱金属的蒸发冷却效率。散射长度是原子物理中较为重要的一个物理量，可以用来衡量原子和原子之间的相互作用强度。散射长度越长，可以简单理解为原子周围包裹了一个越大的硬质外壳，外壳越大，那么原子之间的弹性碰撞概率越大，从而不会影响原子的本来状态。"散射长度"一词也在 2019 年被全国科学技术名词审定委员收录为物理学名词。碱金属的这一特点克服了由于碱金属原子量大而导致的转变为 BEC 的临界温度

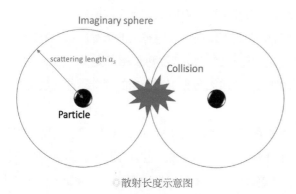

◎散射长度示意图

极低的缺点，使得碱金属成为实现 BEC 的理想候选物质。

通向 BEC 的路上，还有两个重要的技术需要解决，一个是如何才能获得原子体系的温度，另一个是如何去观察原子体系是否实现了 BEC。宏观世界中想要测温的话，比如要测量人体的温度，我们可以使用多种温度计来进行测量，如图所示，我们可以使用水银温度计、电子温度计、红外测温仪等测温仪器。水银温度计和电子温度计二者都需要和人体接触，使得温度计测温点达到与人体相同的温度，从而获得人体的温度。然而，接触式的测温方式是无法测量冷原子体系的温度的，

◎各种测量体温的温度计

因为冷原子体系无法承受这样的接触。而红外测温仪虽然不需要直接接触被测物体，仅需要测量来自被测之物的热辐射，但是考虑到冷原子体系的极低低温、原子数目等因素，其同样也无法测量冷原子体系的温度。因此，冷原子测温需要另辟蹊径。

想要测量冷原子的温度，需要从温度的本质出发来思考，那就需要测量冷原子的速度。1988 年，美国国家标准与技术研究院（National Institute of Standards and Technology，NIST）菲利普斯 (William D. Phillips) 团队发展了飞行时间法来测量 Na 原子团的温度，并且获得了低于多普勒冷却极限的 240 μK 的低温。所谓"飞行时间法"，就是要让 Na 原子团自由飞行。由于磁光阱的囚禁作用，Na 原子团会悬浮在实验装置中，并且束缚在较小的空间中，要让 Na 原子团自由飞行，就需要关闭磁光阱，这样 Na 原子团就会呈现自由落体运动。同时，由于 Na 原子团的热运动，会导致原子团不仅因重力作用而下落，还会向四周膨胀。如图所示，图中上部的原子云是关闭磁光阱 2ms 时碱金属铷的原子云，下部为 11ms 时的铷原子云。因此，经过一定时间的自由落体运动后，Na 原子团会膨胀几倍的体积，通过测量膨胀后的体积，科学家就可以精密计算出 Na 原子团在磁光阱的温度。

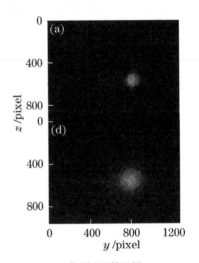

铷原子云的飞行

那么，这里是如何看原子云变化的大小呢？这里还需要介绍另外一种技术：吸收成像技术。首先要将激光的光斑通过透镜放大到大于原子云的大小，然后使用这样的激光去照射原子云，激光光斑中照射到原子云的部分会被原子吸收而缺失，这样作用完后的激光光斑和完全没有和原子云相互作用的激光的光斑进行对比，就可以获得原子云的形状信息。

同年，为了能够更加精准地控制对于不同速度原子的冷却，科恩－塔诺季团队对不同速度原子进行更为精准的选择性的激光冷却，获得了 2μK 的超低温。朱棣文、菲利普斯、科恩－塔诺季等人的实验进展，为实现 BEC 奠定了坚实的基础，而三人也因为对于激光冷却与俘获的杰出贡献，分享了 1997 年的诺贝尔物理学奖。

◎ 从左到右依次为朱棣文、科恩 – 塔诺季、菲利普斯

终于，在 BEC 预言诞生 70 多年后，1995 年，美国科罗拉多大学的威曼（C. E. Wieman）和康奈尔（E. A. Cor nell）在前人研究的基础上，克服了温度和密度的限制，实现了碱金属铷原子的 BEC。实验首先利用磁光阱从背景气体中俘获铷原子，在利用激光进行预冷却后，紧接着利用射频蒸发冷却对原子气体进一步冷却，最后利用吸收成像，测得实验获得了 170nK 的超低温，密度达到了 $2.5 \times 10^{12}\,cm^{-3}$，寿命为 15s，实现了 BEC。同年，美国麻省理工学院（MIT）的克特勒（W. Ketterle）团队，使用一个更加新奇的囚禁方法实现了 Na 原子气体的 BEC。蒸发冷却的过程需要原子处在一个紧密而稳定的囚禁环境，然而磁光阱结构会导致阱的中心位置出现一个磁场零点，形成一个"漏洞"。当原子经过这一区域时，由于磁场变为 0，会导致原子的塞曼效应消失，原子各种能级状态合并，有些原子变为非束缚态而逃离。克特勒团队，利用一个蓝失谐激光产生一个排斥的偶极力，使原子远离磁场零点，从而"堵住"了这一"漏洞"，使得 BEC 原子的产生效率较之前工作提升了 3 个数量级，获得了 5×10^{5} 个原子，密度达到了 $10^{14}\,cm^{-3}$。较大的原子数量以及较高的原子云密度，为今后更加复杂的冷原子实验奠定了基础。威曼、康奈尔、克特勒因为实现了 BEC，而分享了 2001 年的诺贝尔物理学奖。而最初的候选对象极化氢的 BEC，直到 1998 年才由麻省理工学院的一个团队通过磁阱囚禁射频蒸发冷却实现。

在实现 BEC 后，学者们将目光投向了实现 DFG。但是，由于泡利不相容原理的限制，处于相同能态的费米子是无法发生碰撞的，因此费米子无法通过单一

◎从左到右依次为康奈尔、克特勒、康奈尔

能态费米子来实现蒸发冷却。解决的方法有两个：一是将同一费米子制备成两种不同态，来相互冷却；二是采用不同的原子混合，利用其他原子对费米子进行碰撞，做同步冷却。1999年，美国科罗拉多大学的金秀兰（Deborah. S. Jin）教授利用两个不同能态的40K原子在实验上首次实现了DFG。这一成果被美国《科学》（Science）杂志评选为当年十大科学事件之一。金秀兰教授在超冷费米气体以及超冷极化分子方面做出了大量开创性的贡献，不过，很可惜的是，在与癌症勇敢地抗争了几年后，2016年，9月15日，金秀兰教授永远地离开了她热爱的事业，年仅47岁。

在几个奠基性工作之后，超冷原子实验如雨后春笋般发展起来，到目前为止，全世界从事超冷原子实验研究的课题组已经有上百个。目前，已经实现BEC的原子包括：碱金属（7Li、23Na、39K、41K、85Rb、87Rb、133Cs、52Cr）、碱土金属（40Ca、84Sr、86Sr、88Sr），以及镧系原子（174Yb、164Dy、168Er）。而已经实现DFG的原子有：40K、6Li、3He、173Yb、87Sr、167Er。

山西大学量子光学与光量子器件国家重点实验室的张靖教授团队是国内最早进行超冷原子实验研究的团队之一。2007年，该团队在国内首次实现了DFG。如下页图所示为实物实验系统和示意图，整个系统为超真空系统，这样能够避免其他杂质气体对于实验原子的影响。实验系统包含两级磁光阱，第一级磁光阱从背景气体中俘获碱金属气体，实验中使用的碱金属是^{87}Rb（玻色子）和^{40}K（费米子）。一级磁光阱俘获的原子，通过一束推送光将原子推送到二级磁光阱，二级真空系统是

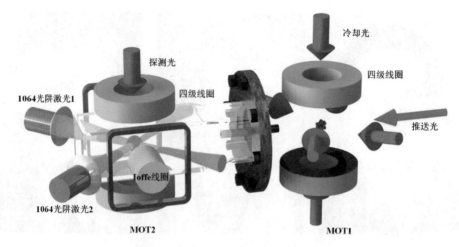

超冷原子实验系统示意图，包含两级磁光阱

由高透的石英玻璃制成，这样可以方便从各个方向增加激光。为了克服磁场零点带来的损耗，随后，原子会被转移到偏移中心点的磁阱中，这个阱称作"QUIC 阱"。QUIC 阱避免了磁场零点，由放置在侧面的 Ioffe 线圈和四级线圈组合构成，转移过程通过逐渐改变 Ioffe 和四级线圈中的电流来实现，接着使用射频蒸发冷却来对原子进行进一步冷却。冷却完毕后，原子将被转移回中心点的磁阱中，紧接着原子会被装入交叉偶极力光阱中，通过光阱进一步蒸发实现 BEC 或者 DFG。如图所示为通过吸收成像获取的冷原子图像，通过成像系统可以获取原子云的温度、密度等参数。DFG 的实现使用 ^{87}Rb 原子和 ^{40}K 原子协同冷却来实现。

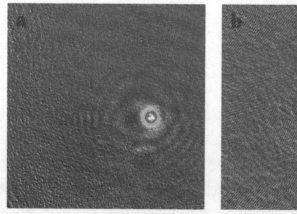
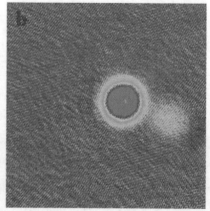

通过吸收成像获取的冷原子图像，（a）为 ^{87}Rb 原子 BEC，（b）为 ^{40}K 原子 DFG。蓝色区域为背景，由绿色到粉色再到白色，显示了越趋于原子云中心，密度越大

实现 BEC、DFG 的意义不仅仅是验证了一个理论预言，更是为人类提供了一种全新的物态。这一物态有着太多令人瞠目结舌的量子效应。物质达到 BEC 后，如果原子是玻色子的话，那么所有的原子都会处于基态，原子之间无法区分你我，就像在阅兵仪式上迈着整齐划一的士兵一样。此时，整个 BEC 原子体系表现得就像一个"超级原子"，也就是集体表现为大量原子的宏观量子效应，超导电性和超流电性都来源于 BEC 所表现出来的特殊性质。如果原子是费米子的话，在转为 DFG 时，费米子将从最低能态开始填充，一直填充到费米能级。费米能级是趋于绝对零度时电子所能占据的最高能级。由于费米子形成 DFG 以后，费米子会由最低能级开始填充，逐层向上填充，直到费米能级，这就好像海水一样，低于海平面的地方都会被海水淹没，因此，形成 DFG 的原子体系也被称作"费米海"，而费米能级就像海平面一样，也被称为"费米面"。相对于费米海所有费米子都具有正能量，如果考虑到电子的相对论效应，电子还可以有负能级，这样具有负能量的电子形成的海就称作"狄拉克海"。

超冷原子还为人类提供了一个重要工具，来探索未知的量子世界。超冷原子系统中凝聚体是处在隔离高真空系统中由中性冷原子构成的稀薄气态原子云上，其温度为或者 nK 量级，在这样的低温下，原子的热运动速度会降到 1m/s 以下。这样的情况下，超冷原子具备两个重要特性：一方面，原子运动速度极低，原子之间相互作用很弱、相互碰撞的概率很低，原子能级具有极好的相干性，原子的内在结构具有极高的稳定性和准确性；另一方面，原子云与外界环境良好的隔绝，可以提供纯净实验环境。这些特性使得超冷原子可以有很多重要的应用领域。超冷原子系统不仅可以实现超级精细的精密测量，还可作为量子计算以及量子模拟的理想平台，后文将详细叙述。

四、量子与生命

生命是什么？每个人都曾思考过这个问题，在自然科学落后的过去，生物被认为由一种"神奇"的物质组成，是不同于世界上其他物质的存在。但随着现代科学的发展，人类意识到生命也是由基本的物理粒子组成的，也会遵循基本的物理定律。这让人们意识到，物理学这一探索世间万物的基础工具的发展与应用或许能帮助人类离解开生命之谜更近一步。1943 年，薛定谔在他的一系列公开演讲中再次提出了"生命是什么"这一终极问题，并指出：我们需要新物理方法来给出答案。本节我们将从量子力学的角度来解释一些传统学说无法解释的奇特生物现象，领略看不见摸不着的微观量子效应如何在宏观的生物体上发生作用。

太阳光的产生

太阳在数十亿年里不断地发光发热，它的光和热能为地球上每平方米提供约1500W 的恒定功率，这种恒定的能量输入使得地球具备了孕育出生命的苛刻条件。太阳本质上是一个核聚变的反应堆，其光源与热量的产生依靠于其内部氢的核聚变。如果想让两个氢原子发生核聚变，就得让这两个氢原子的距离达到 10 的负十次方米，但两个氢原子内带有正电的质子之间会存在静电力，这种静电力随着质子间距离缩短时是以指数形式增长的。想要让两个质子离得如此之近需要极大的能量来克服静电力，太阳温度下气体中质子的平均动能远远不能达到这么高的库仑壁垒，氢原子发生聚变温度往往要达到 1 亿摄氏度，而太阳核心温度只有 1500 万摄氏度。在这种情形下，只有在量子隧穿效应的参与下，质子才能突破库仑壁垒，让太阳发光发热。某种意义上，量子隧穿效应参与了地球上生命的孕育。

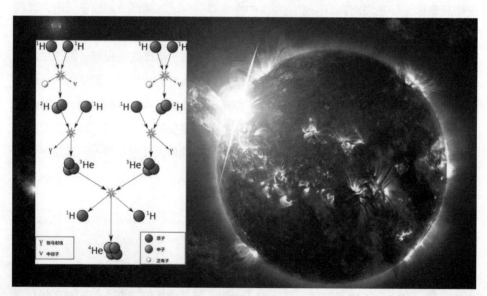

◎太阳内部的核聚变

酶促反应

生物体内每时每刻都在进行各式各样的化学反应，大多数化学反应的高效进行都离不开催化剂的作用，而酶就是生物体内的催化剂，生物细胞活动的调控离不开酶的存在。在 20 世纪 80 年代中期，加州大学伯克利分校的生物化学家朱迪思·克林曼（Judith Klinman）以及她的研究小组首次发现了酶促反应中存在量子隧穿的直接证据。克林曼的小组从酵母菌中提取出乙醇脱氢酶（ADH）进行研究，在 ADH 把苯甲醇催化成苯甲醛时会涉及质子的移动，克林曼小组将底物中的氢替换为同位素氘和氚后，发现催化反应的速率大幅度减慢。虽然这种减速是可以用一些经典的化学机理来解释的，但是其变化幅度实在是太大了，这给当时的研究者带来了困惑。经过几年的持续研究，他们在 1989 年用量子力学效应为此现象找到了一个合理的解释。量子隧穿效应表明，质量越大的粒子越容易发生量子隧穿。光子的动量与波长关系式 $p=h/\lambda$（其中 p 为动量，λ 为波长，h 为普朗克常数）。根据此关系式可以推出实验中氢的同位素的波长 $\lambda=h/mv$，此时很容易就可以看出 m（质量）越大 λ（波长）就越小，粒子波动性就越小，而量子隧穿效应更容易在波动性强的粒子上发生，较大质量的同位素波动小，量子隧穿发生的概率小，反应就慢，较轻的则反之。这成功地契合了为什么较轻的同位素反应速率更快的现象，对量子隧穿效应存在于酶促反应中提供了有力的直接证据。

量子与 DNA

　　一个来自英国萨里大学的量子生物学研究小组已利用最先进的计算机模拟与量子力学方法验证了量子隧穿效应会引起基因突变。人类的 DNA 分子大多数都是由两条脱氧核糖核苷酸链围绕一个共同中心轴盘绕而构成的双螺旋结构，每一条脱氧核糖核苷酸链都是由数亿个脱氧核糖核苷酸组成的。脱氧核糖核苷酸则是由碱基、脱氧核糖和磷酸构成，四种不同的碱基——腺嘌呤（A）、鸟嘌呤（G）、胸腺嘧啶（T）和胞嘧啶（C），又决定了脱氧核糖核苷酸的种类，碱基的种类与排列顺序共同决定了生物的遗传密码。DNA 不进行复制和转录时一般都是以双链结构存在的，这种双螺旋结构可以增强 DNA 的稳定性。为了形成这种双螺旋结构，两条 DNA 单链的碱基之间会互补配对形成碱基对，通常是腺嘌呤（A）与胸腺嘧啶（T）配对，鸟嘌呤（G）与胞嘧啶（C）配对，形成 A-T 和 G-C 碱基对。两个碱基之间的稳定结合依靠的是氢键的力量。

　　从图中可以看到，碱基之间的氢键在化学式中用虚线表示，之所以这样与其他化学键区分是因为形成的氢键中质子的波动性让它的位置在两个碱基之间来回波

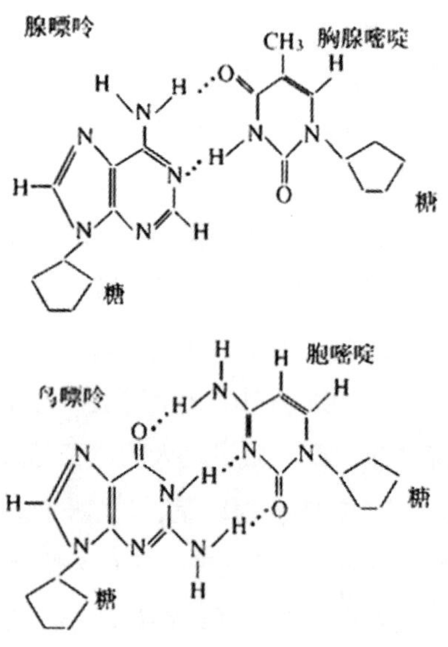

腺嘌呤　　　CH₃　胸腺嘧啶

◎上半部分为 A–T 碱基对，下半部分为
C–G 碱基对

动，无法确定实际的位置。不过，质子可以
到达的位置是有限的，至少在以经典理论的
角度来看是这样的，但质子是怎么样移动到
足以引起基因突变的位置就是难以用经典理
论解释的了。参与该研究的生物学家路易·斯
洛克姆（Louie Slocombe）指出，目前他们
的研究项目暂时还只能在单个碱基和碱基对
的水平上进行小规模的建模。在他们的计算
范围内，如果不考虑量子隧穿效应，那么由
"质子转移"导致基因突变的概率将"非常非
常接近于零"。那么，量子隧穿具体是怎样引
起基因突变的呢？ A–T 碱基对之间的两个质
子，一个大概率与 A 接近，一个大概率与 T
接近。当两个质子同时通过量子隧穿效应穿
过能量壁垒到达氢键的另一边时就会形成一种罕见的形态，我们把这种形态的碱基
对称作"互变异构体"。当 A 变成 A* 时，它便不再与 T 结合而是与 C 形成碱基对；
同理，T* 则转而与 C 形成碱基对。虽然一个碱基对中所有质子位置同时移到了另
一边的概率是非常小的，而且也不是永久的，但如果此时 DNA 正好进行复制，新

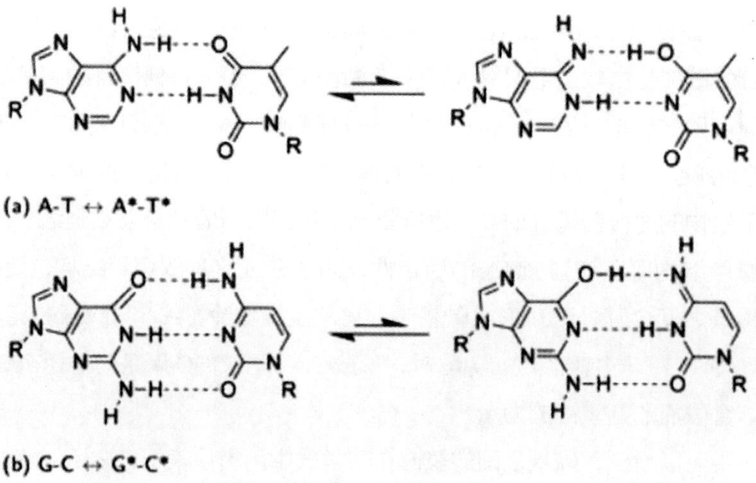

(a) A-T ↔ A*-T*

(b) G-C ↔ G*-C*

◎上半部分为 A–T 碱基对变异过程，下半部分为 C–G 碱基对变异过程

复制的子代 DNA 链就会将这种错误的信息继承下来。

嗅觉之谜

嗅觉这一看似很平常的生理机制，却在人类历史上很长一段时间都是一个谜团。就连费米在和朋友炒洋葱时都感叹，如果能理解我们的嗅觉是如何工作的，那该多有趣啊。虽然理查德·阿克塞尔（Richard Axel）和琳达·巴克（Linda B. Buck）已在 1991 年发现了嗅觉感受器并获得了 2004 年的诺贝尔生理学或医学奖，但嗅觉的详细机理，尤其是感受器的工作原理仍未被探明。关于嗅觉的传统解释主要有锁钥模型和振动模型。其中锁钥模型认为，不同气味分子有着不同的形状，这些分子会与嗅觉神经元表面大约 400 个不同受体中的某一个结合，而不同受体的形状也不同，只有相互契合的形状才能结合，就如同钥匙与锁的关系一样。当"钥匙"插入"锁"当中时，特定的信号就会传到大脑，我们便会感受到气味。某种意义上，我们可以闻到分子的"形状"。

锁钥模型认为，具有相似形状的分子，气味也应该类似，可事实却并不是如此。马尔科姆·戴森（Malcolm Dyson）是一位执著于研究气味本质的优秀化学家。一战后，他合成了许多新的化合物并通过对这些化合物的直接嗅闻进行研究。在经过大量的尝试后，戴森发现，有些分子虽然形状差别很大，但气味却近似相同；有的化合物结构极其相似但闻起来却完全不一样。在发现形状理论的解释并不完备后，戴森继续不断地尝试与思考，最终发现那些气味相似的化合物往往有着相同的化学基团。人类很早就发现化学基团会决定分子的性质，戴森进一步意识到这种性质还包括气味。为了解释鼻子是怎样分辨不同基团的，戴森在 20 世纪 20 年代晚期作出了猜测，即嗅觉的关键是分辨原子之间化学键的振动频率，或者说，鼻子可能就是一个生物光谱仪。

可惜的是，戴森的理论也并不完备。按照戴森的理论，当鼻子面对一些手性分子（化学基团完全相同但排列顺序不同的分子）时，闻到的气味应该是完全相同的，可事实却是大多数手性异构的分子气味是不同的。光谱学家用光谱仪测出的频率完全相同，但用鼻子闻时就不一样了。面对这样的致命缺陷，加拿大化学家罗伯特莱特（Robert H. Wright）给出了可能的解释。他认为，嗅觉受体可能也具有手性，气味分子结合时也会有左旋与右旋的关系，不同的感知方式正是不同气味的来源。但就算分子振动理论是正确的，也无法解释鼻子到底是怎样感知到分子的振动频率的，毕竟鼻子里面是没有光源的，振动理论就这样慢慢被淡忘。直到 20 世纪 90 年代，卢卡·图灵（Luca Turing）将量子力学引入到嗅觉机制的研究中，给振动理论带来了新的前景。图灵和戴森同样也是分子振动理论的鼎力支持者，他为分子振动理论找到了许多间接的证据，并用了量子隧穿效应给嗅觉机制作出了解释。

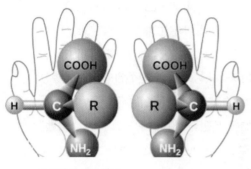
◎手性分子示意图

图灵利用分子振动理论成功预测了癸硼烷的气味。一般来说，含有巯基（–SH）的化合物有着极其强烈的臭鸡蛋味，图灵预测，如果存在一种化合物，即使它的官能团并不是巯基（–SH），只要振动频率与巯基（–SH）的 76 太赫兹相近，它们的气味就一定相近。图灵为了寻找这一种分子，翻阅了大量的光谱学文献，最终发现硼烷类化合物中的硼氢键（B–H）振动频率的 78 太赫兹与硫氢基团的 76 太赫兹极其接近。由于硼烷在自然界中并不存在，需要人工的合成，而且硼烷还具有毒性和易燃性，图灵最终只好根据德国化学家斯托克（A. Stock）在 1912 年的关于合成硼烷的论文中的记载确定硼烷的味道。论文中所记载的"强烈的令人反感的像 H_2S 的气味"，正是我们常说的臭鸡蛋的气味，也就是含有巯基（–SH）的化合物的气味。硼烷气味的成功预测已经给嗅觉的振动理论带来了极大的鼓舞。但图灵的成功还不止于此，他还做出了另外一个预测。他认为，如果将苯乙酮上的八个氢原子全都转换成更重的氘原子，由于氘原子拥有比氢原子更低的振动频率，苯乙酮的气味就一定会有所改变。不出所料，他极其灵敏的鼻子在闻过提纯后的两种化合物便区别出了不同："闻起来不一样，氘化的苯乙酮甜味弱些，更像溶剂的味道。"虽然图灵在主观上已经确认了自己预测的正确性，但为了进一步确定还是要有实验的参与。不久之后，包括图灵在内的一个研究小组便设计并进行了果蝇"T 形迷宫"实验，对图灵的预测进行了更加客观的验证。该实验在 T 型迷宫两端分别放置空气与苯乙酮，让大量的果蝇自己选择去向，结果发现放置普通苯乙酮时选择苯乙酮这一端的果蝇数量比放置氘化苯乙酮时大概多 16%，实验结果进一步验证了图灵的猜想。现在面对的问题是，解释鼻子是如何感受到不同基团中振动频率的不同。

1958 年，日本物理学家江崎（Leo Esaki）因为发现了半导体中电子的量子隧穿效应而获得了诺贝尔物理学奖。他的研究表明,当通有电流的导线断开仅仅几纳米,电子有可能跨过间隔从而使电流继续流动。如果导线的间隔处什么也没有,电子在隧穿后能量会保持不变,该隧穿就是弹性量子隧穿。不过发生弹性隧穿有一个必要的条件,提供隧穿电子的供体多出的能量必须与得到隧穿电子的受体所空缺的能量是相同的。如果受体上能量空缺低于供体上电子所具有的能量,且间隔处刚好有一个振动频率与电子多出的能量相呼应的分子,电子隧穿时就会释放出与分子化学键振动频率相呼应的能量,这就是非弹性量子隧穿效应。通过分析导线电流和两端电压的关系便可得到电子能量损失的大小,这样便可以得到间隔中分子的振动频率了。图灵将这种特殊的量子力学性质应用到了对嗅觉感受器工作原理的解释中。他指出,电子本身位于嗅觉受体分子上的供电子位点,由于受电子位点与供电子位点往往是具有能量差的,所以只有嗅觉受体上有一个振动频率刚好可以吸收多出的那一部分能量的分子存在时才能发生电子隧穿使人闻到气味,而这个分子便是鼻子吸入的气味分子。不同的气味分子会使得不同的受体发生电子隧穿,产生不同的气味。

植物也懂量子力学

光合作用维持了生物界最基本的物质的转换与能量的代谢,对于人类的生存和自然界的生态平衡都有极其重要的意义,是维持自然界正常运转的最重要的化学反应之一。前面我们已经介绍了量子效应可以让太阳发光,给光合作用带来能量来源,而最新的研究表明量子效应对光合作用的意义不止于此,在光子成功到达植物内部后依然要依赖于量子力学的神秘力量才能正常地进行光合作用。

叶绿素是大多数进行光合作用的生物都具备的光合色素,它是光合作用整个过程的起点。在叶绿素分子的中心位置是一个被氮、碳等原子围起来的镁原子,这种结构导致镁原子外围有一个价电子。当一个来自太阳的光子照射进来时便会把这个价电子激发。失去价电子的叶绿素分子便会成为一个带正荷的空穴,它会与被激发的电子形成激子。激子就如同拥有正负极的电池一般,它可以储存一定的能量。为

叶绿素化学式示意图

了长期储存吸收光子时获得的能量，激子必须把它所携带的能量运给反应中心的蛋白复合体。

激子是十分不稳定的，而且通向反应中心的路是蜿蜒曲折的，激子需要在多个叶绿素分子之间来回移动最终才能到达反应中心。理论上，如果激子在转移时绕路越多，最后散失的能量就越多，而这种绕路也基本上是不可避免的。可实际上，光合作用的效率几乎是百分之百，这意味着几乎所有的激子都总是以最短的路径在传播。激子是如何以极高效率被运输到反应中心，成为生物界的一大谜题。

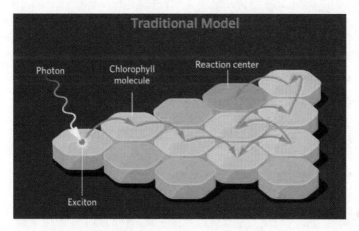

© 光合作用模型示意图

早在 20 世纪 30 年代就有人提出了可能的解释，激子以波的形式同时尝试所有能抵达反应中心的路径，并选取最高效的一条。这听起来似乎不可思议，至少在那个年代的科学家们的眼里是如此，因此该理论并没有被重视。但在 2007 年，加州大学伯克利分校的研究人员用实验给该理论找到了直接证据。雷厄姆·弗莱明是伯克利实验室的副主任，国际知名的光合作用过程光谱研究领导者，同时也是该研究的首席研究员，他说道："我们已经获得了第一个直接证据，表明长寿命的电子量子相干性在光合作用过程中的能量转移过程中起着重要作用。这种电子的波动性可以解释能量转移的极高效率，因为它使系统能够同时采样所有潜在的能量路径并选择最有效的一个。"

弗莱明实验小组在《光合作用系统中通过量子相干性进行波状能量转移的证据》（Evidence for Wavelike Energy Transfer Through Quantum Coherence in Photosynthetic Systems）一文中详细介绍了他们的实验并将论文刊登在《自然》杂志上。他们利用了一种叫作"二维电子光谱学"（2D–ES）的技术成功检测到了"量子节拍"。该技术于2005年在《自然》杂志上被弗莱明和他的团队首次描述，它可以帮助科学家在飞秒（1秒的一千万亿分之一）时间尺度上监测电子和分子的动力学。研究的对象并没有选择植物，而是一种来自绿色硫细菌的被称作FMO的蛋白质光合作用复合体。之所以在众多的可以进行光合作用的植物与微生物当中选择FMO，是因为它仅仅含有7个叶绿素分子，因此FMO被认为是最适合进行研究光合作用能量传递的模型。

从左到右：尼古拉斯·刘易斯、雷尼姆·弗莱明和汤姆·奥利弗（照片提供：劳伦斯伯克利国家实验室，美国）

研究小组向FMO连续发射了三束激光，并在激光的能量从一个分子转移到另一个分子时，照射第四束光来检测和放大样本吸收激光的能量后放出的光谱信号。格雷格·恩格尔是该实验小组的主要成员之一，也是该实验《自然》杂志论文的第一作者。他最终从实验得到的0到660飞秒的信号中发现了"量子节拍"的存在。理论上，电子的相干性一般十分脆弱，往往持续时间极短，但实际发现这种量子节拍持续的时间比预期长得多，达到了惊人的660飞秒，这种量子节拍的信号就好比

参与这项研究的弗莱明研究小组成员包括（左起）格雷格·恩格尔、泰莎·卡尔霍恩、安泰奎、伊丽莎白·里德和郑元中（图片来自伯克利实验室创意服务办公室 Roy Kaltschmidt）

双缝干涉实验中的明暗干涉条纹一般，预示着激子在叶绿素分子之间像波一样的运动。

为了让相干性持续更长的时间，实验人员将温度降低到了77开尔文（−196

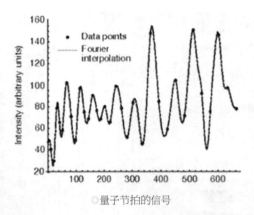

◎量子节拍的信号

摄氏度）。这样的温度与自然界中生物所生活的环境温度相差极大，这也就给该实验带来了一定的质疑声。不过，更多的实验小组捷报频传，弗莱明的小组也在更符合 FMO 生存环境的条件下进行了更多的实验，为光合作用中量子效应的存在带来了更多的证据。2009 年，都柏林大学的伊恩·默瑟（Ian Mercer）在常温下证明了另外一种光合细菌的量子节拍的存在。次年，安大略大学的格雷格·斯科尔斯（Greg Scholes）在一种海藻中也发现了量子节拍。

自然界中光合作用巧妙的运作方式给人类带来了很多启示。恩格尔说："大自然用了 27 亿年的时间来完善光合作用，所以我们还有很多需要学习的东西。""不过，我们在这篇最新论文中报告的结果，至少给我们提供了一种新的思考未来人工光合作用系统设计的方式。"目前，由美国国家可再生能源实验室（National Renewable Energy Laboratory，NREL）研究出的，迄今为止世界上最高效的太阳能电池的最高能量转换效率也才达到 47.1%，相比于光合作用的百分之百的确还有很多值得学习的地方。相信在未来，量子相干性在太阳能电池中的利用可以帮助人类突破热力学的限制，大大提高太阳能电池的效率。

量子"罗盘"

随着季节的变化，候鸟会进行成千上万公里的迁徙，它们如何在如此遥远的旅途中不迷失方向，这一问题一直困扰着科学家们。目前，在所有的解释中最受认可的观点是，鸟类身体中存在一种化学罗盘帮助它们辨别方向。

最早在 1859 年就有人提出了鸟类利用磁场辨别方向的可能。到了 20 世纪 60 年代，有科学家对欧洲知更鸟能否感知磁场进行了实验。研究人员将鸟关在笼子中，并影响笼子周围的磁场，结果显示鸟类试图移动的方向与笼子周围的磁场有关，而且十分精确，可以检测到 5 度以内的偏移。这场实验验证了鸟类会

◎ 鸟类的量子"罗盘"

通过磁场去寻找方向，但鸟类具体是怎样感知到地磁场的还有待研究。

1976 年，马克斯·普朗克生物物理化学研究所的克劳斯·舒尔滕（Klaus Schulten）通过实验证明了极性溶液中自由基对会对弱磁场做出反应，他通过纳米激光诱导极性溶液中的电子发生转移从而产生自由基，当在极性溶液中加入磁场时，三重态自由基对的产量提高了 80%。两年后，又有实验证明了光合细菌反应中心产生的三重态产物受到外部磁场的影响。在这些研究的支持下，克劳斯·舒尔滕提出鸟类感应磁场的方式就是通过自由基对的可能，并提出："下一步就是找到鸟类体内的自由基对。"

自由基对往往在吸收光时产生，舒尔滕猜测是鸟类的眼睛在磁感应中发挥了作用，它们的视网膜中应该存在一种分子可以产生自由基对从而感应磁场的变化。研究人员对鸟类射出不同波长的光，结果显示鸟类感知方向的能力确实会受到不同波长光的影响。欧洲知更鸟在 443nm 的蓝光下展现出了良好的辨别方向的能力，但在 630nm 的红光下却会迷失方向。这些发现意味着鸟类磁感应机制是基于视觉上的，受环境中光波长的影响。舒尔滕预测，视网膜上必然存在一种产生自由基对的分子。

自由基的作用原理可

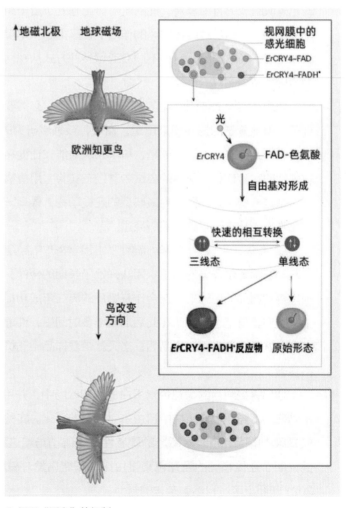

◎ 量子 "罗盘" 的机制

以用量子力学去解释，但自由基对发生在视觉通路中的何处还是需要通过生物化学的实验去寻找。2000 年，舒尔滕在鸟类眼中发现了隐花色素，该分子是目前脊椎动物中唯一已知的光感受器，后来一直被认为是鸟类磁导航的关键分子。在后来的20 多年里，科学家们对隐花色素进行了长期的实验研究。

理论显示，隐花色素中发挥作用的关键部位是 FAD（黄素腺嘌呤二核苷酸）。当 FAD 吸收蓝色光子后，氨基酸链上与其最近的色氨酸分子上的一个电子便会转移到 FAD，然后第二个色氨酸上的电子会转移到第一个上，以此类推，在这样的链式过程中形成由位于蛋白质中心带负电的 FAD 与 2 纳米以外蛋白质表面带正电的色氨酸组成的自由基对。此时这对自由基处于量子纠缠态，即同时具有自旋单态和三重态。自由基对会在磁场的作用下在三重态和单重态之间快速转换，导致两种产物出现不同的占比，这种不同会通过某种方式从视网膜传递给大脑，使生物对不同的磁场做出响应。

要想在实验上证明隐花色素的磁感应机制，必需要提纯出鸟类眼中的隐花色素分子，但该分子的提纯困难重重。谢灿，该领域研究的领头人之一，他说："自由基对假说此前的最大的遗憾是，科学家从未能在迁徙鸟类中获得隐花色素蛋白的磁敏感性的实验证据。早期的尝试中曾经有实验室用植物或者非迁徙动物的隐花色素蛋白做过一些实验，但作为最典型的迁徙动物，候鸟，受限于鸟类隐花色素蛋白的纯化难度，从来没有真正被研究过。"

2016 年，来自中国科学院合肥物质科学研究院强磁场科学中心的谢灿研究员团队与德国奥尔登堡的穆里森团队开始了长期的合作。穆里森的博士生许静静，在穆里森和谢灿的指导下，在合作开始后的第二年成功提纯了隐花色素分子。这给接下来的实验奠定了基础。在此后的两年多时间里，许静静上午在德国莫里特森实验室制备好隐花色素蛋白样品后，当天就带着样品乘飞机抵达英国牛津大学进行紧张的实验。

他们将提纯后的隐花色素蛋白放置在磁场中，并用 450mm 的蓝光照射，检测不同磁场下隐花色素蛋白中自由基对产量的变化。实验结果表明，欧洲知更鸟这种候鸟眼中的隐花色素对磁场的敏感性要比鸽子与鸡这种非候鸟强 10 到 20 倍，由此证明了迁徙鸟类的隐花色素蛋白比非迁徙鸟类对磁场更加敏感。他们的成果在2021 年登上了《自然》杂志的封面。

"我们距离证明候鸟如何感知地球磁感线还有很长的路要走，下一步的关键是证实候鸟眼中是否真的存在自由基对。"彼得·霍尔，参与该实验理论研究的一位物理学家说。尽管这项研究有了很大的突破，但离彻底证明隐花色素是鸟类磁感应器还有很长的路要走。该实验中用到的磁场要远大于地磁场，最重要的是，实验只是在体外对隐花色素进行了实验，以目前的技术手段还做不到在鸟类眼睛中直接证明隐花色素的作用。

　　研究鸟类感应磁场的机制意义非凡，它可以告诉我们如何对待环境才能避免对鸟类迁徙造成影响，保护生态平衡；同时，可以帮助我们利用量子罗盘的机理研发新一代的导航系统。

◎ nature 期刊封面

实验室中发现"宇宙"

SHIYANSHIZHONG FAXIAN "YUZHOU"

2020 年 10 月 16 日，中共中央政治局就量子科技研究和应用前景举行第二十四次集体学习，凸显了国家领导人对于量子科技的重视。习近平总书记在主持学习时指出，量子力学是人类探究微观世界的重大成果。量子科技发展具有重大科学意义和战略价值，是一项对传统技术体系产生冲击、进行重构的重大颠覆性技术创新，将引领新一轮科技革命和产业变革方向。

信息技术的革命，特别是人工智能、量子信息科技、区块链、5G 技术等新兴信息技术的加速突破和应用，正在推动人类社会由物质型社会向知识型社会的转变。在知识型社会中，信息的含金量将超越物质，成为人类最宝贵的战略性资源，人类对于信息的渴求达到了前所未有的高度，而传统的基于经典物理学的信息技术已经不能满足人类在信息获取、传输以及处理三个方面的需求。传统经典的信息技术已经遭遇三大技术困境，分别是算力的瓶颈、信息安全的瓶颈以及测量精度的瓶颈。而以量子计算、量子通信以及量子精密测量为代表的量子信息科技将分别突破三大传统技术的发展瓶颈，引领新一轮科技革命。

一、量子科技突破传统科技发展瓶颈

随着人类科学技术水平的提高，推动了人类社会的不断向前发展，极大地满足了人类对于物质的需要，新的更高层次的需求正在催生。第三次科技革命，或者说信息技术的革命，特别是互联网技术、人工智能、量子信息技术、区块链、5G 技术等等一系列新兴信息技术的不断发展正在推动人类由物质型社会向知识型社会转变。在知识型社会，信息替代了物质，成为人类最宝贵的战略性资源，人类对于信息的渴求达到了前所未有的高度。然而，在这样的背景下，人类传统的基于经典物理学的技术已经不能满足信息获取、传输以及处理三方面的需求，人类科技发展遭遇了三大技术瓶颈。

算力瓶颈

20 世纪计算机的发明，推动人类社会进入了信息社会。世界上第一台计算机是在二战时期研发出来的巨人计算机（Colossus computer），英国人用其来破译德军的密码。这台计算机重达一吨，每秒运算速率 5000 次，功率 8.5 千瓦，按照 IBM 前总裁 Thomas Watson 的说法，全世界大概只需要五台这样的计算机就够了。然而，随着社会和科技的发展，我们的计算任务的难度和计算机的计算能力已

◎巨人计算机

◎英特尔公司创始人戈登·摩尔

经远远超乎了所有人想象。英特尔公司创始人戈登·摩尔提出了著名的摩尔定律，为我们指明了芯片发展的规律。摩尔定律指出：1.集成电路上可以容纳的晶体管数目在大约每经过 18 个月便会增加一倍；2.微处理器的性能每隔 18 个月提高一倍，而价格却下降一半；3.用一美元所能买到的计算机性能，每隔 18 个月翻两番。

◎手机的算力已经媲美阿波罗登月计划的计算量

从芯片技术诞生到现在，芯片技术的发展基本上都是按照摩尔定律指明的速度在发展。为了说明当前计算机的计算能力，我们以手机为例。比如 2021 年发布的 iPhone 13 Pro 手机，重量只有 203g，每秒可以进行 15.8 万亿次的运算，功率只需要 27 瓦，计算能力是当年美国阿波罗登月计划计算能力的总和的三倍之多。这仅仅是当前一台手机的计算能力，更不用提现在一些高性能电脑。然而，这样的计算能力能满足我们现在的科技发展的需求吗？我们继续分析。

当前社会已经进入了大数据时代，人类产生的电子数据正在以前所未有的速度爆炸式增长。电子商务、云计算、社交网络、区块链、物联网、5G 技术等等，是我们日常生活每天都不可或缺的。数字技术所产生的数据量每两年就会增加一倍，在过去三年间产生的数据总量已经超过了过去几千年产生的数据总和。产生的知识量更是呈指数级增长，19 世纪之时，知识数据每 50 年翻一番，20 世纪，每 30 年翻一番，20 世纪中叶，每 20 年翻一番，到了近十年，每三年就会翻一番！然

◎大数据时代庞大的数据来源

而，面对如此庞大的数据量，对于现有的受摩尔定律限制的算力以及经典算法而言，已经捉襟见肘。比特大陆创始人吴忌寒也在《算力之美》一文中说道："人类未来最大的矛盾，是日益增长的数据处理与有限算力之间的矛盾！"①

人们对科技的研发、对宇宙的探索、对真理的研究越深入彻底，就越想掌握世间万物更加精细的运转规律，如今的计算复杂程度已经超乎我们的想象。人工智能、基因测序、预报天气、航空航天、基础研究、新材料研发等领域均需要极其复杂庞大的计算量，这些计算任务是一般家用的计算机无法完成的。

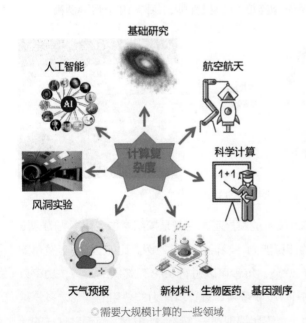

◎需要大规模计算的一些领域

① 罗金海.人人都懂区块链［M］.北京：北京大学出版社，2018：序2.

比如，在工程模拟方面，为了能够提高汽车的安全性，新设计的汽车往往需要进行碰撞实验。不过，在进行真实碰撞实验之前，设计出的汽车模型，实际上已经在计算机中进行了大量的模拟碰撞实验，这样能够极大地提高设计效率，保证在进行真实碰撞实验时的汽车已经非常成熟。然而，在计算机中模拟这样一个实验，实际上是一个极其复杂的任务，如果使用一台普通的家用电脑需要一年才能完成一台汽车的碰撞模拟实验。因为这样的一个实验，涉及太多的实验参数，汽车内部的各个组件对于碰撞所产生的影响都需要考虑，并且细节越精细，那么模拟实验越接近真实情况。但是，这样会指数级增加模拟的难度。类似这样的计算模拟任务还有很多，比如模拟气流对于飞机的影响的风洞实验。还有一个我们平常会经常关注的信息——天气预报，同样是靠着庞大的计算模拟预测出来的。另一个对于计算能力有超高要求的典型例子是人工智能。人工智能发展的核心驱动力是：大规模数据分析 + 更快的计算能力 + 更高效的算法。因此，当前科学技术的发展亟待算力的提升。

汽车碰撞实验

然而，对于当前传统技术而言，为了较快地提升芯片的计算能力，一个最为简单和直接的方式就是靠不断地堆叠硬件，来实现计算能力和存储空间的快速提升。比如腾讯天津数据中心，建筑面积 9 万平方米，服务器数量已突破 10 万台，在全球布局了 24 个大区、44 个可用区的集成数据中心。2016 年，全球最大的数据中心大约是 58 万平方米，但是到了 2019 年，已经达到了 99 万平方米，相当于

140 个足球场。处于广州的天河二号超算中心，主要承担的是大规模科学计算和工程计算的任务，天河二号超级计算机系统由 170 个机柜组成，拥有累计 32,000 个 Xeon E5 主处理器和 48,000 个 Xeon Phi 协处理器，共 312 万个计算核心，这些处理器占地面积 720 平方米。

©大数据中心和天河 2 号超级计算机

　　然而，靠着硬件堆叠来实现的超级经典计算机带来的是极大的功耗。根据 2018 年的数据报告，我国数据中心一年的耗电量是 1609 亿千瓦时，预计在 2030 年我国一年的总耗电量将会达到 4115 亿千瓦时。而整个上海市的耗电量约为 1567 亿千瓦时，数据中心的能耗情况可见一斑。此时我们又要提及"天河二号"超级计算机，维持这种级别的计算机，一年的电费大约为一亿元人民币，全速运算的话，电费更高达 1.5 个亿。如果还是按照老思路，不断堆叠 cpu 的数量，功耗还将无限制地增加，甚至可能需要有一个专门的核电站来给它供电。

　　2016 年 3 月 9 日，Google 的人工智能 AlphaGo 战胜了韩国职业九段围棋手李世石，这一事件是人工智能发展史上的一个里程碑。李世石由于出道初期在韩国国内无人能敌，被称作"不败少年"，职业生涯中一共夺得 14 次世界冠军，18 次国家赛冠军。这次比赛一共进行 5 局对战，李世石的出场费为 15 万美元，并且每胜一局，额外获 2 万美元的奖金，最终李世石以 4 败 1 胜的战绩输给了人工智能。另外一场著名的人机大战，发生在 2017 年 5 月。来自中国的围棋冠军柯洁同样是对战 AlphaGo。这位来自中国浙江丽水的围棋棋手曾获八次世界冠军，却以三战

AlphaGo 对战李世石

三败的战绩败北。AlphaGo 成为名副其实的世界围棋冠军。虽然，人工智能获得了胜利，但是人工智能的耗能也是巨大的。整个比赛过程，AlphaGo 消耗了燃烧十吨煤所产生的电量。

另外，近年来被炒得火热的比特币，实际上就是基于区块链技术发展起来的一种加密货币。然而，比特币的获取方式同样依赖于强大的计算能力，计算能力越强，那么在单位时间内获取的比特币数量就越多。因此，很多矿场（获取比特币的工厂被称作"矿场"，获得比特币的过程也被称作"挖矿"）就是靠堆叠大量的计算芯片，来提升计算能力，以期在短时间内获取更多的比特币。这样就造成了比特币矿场同样也是耗电大户。美国能源信息署于 2019 年公布的数据显示，比特币挖矿每年消耗 106 太瓦时，这相当于荷兰、阿根廷、巴基斯坦等国家一年的耗电量。英国剑桥大学的可替代金融研究中心，还举了两个有趣的例子作为对比：比特币一年的耗电量可以满足剑桥大学 774 年的用电需求，还可以满足整个英国 24 年的电热水壶烧水的用电需求。因此，以堆叠大量计算芯片这种简单粗暴的方式提升算力，显然不符合当前节能减排、低碳的发展模式。

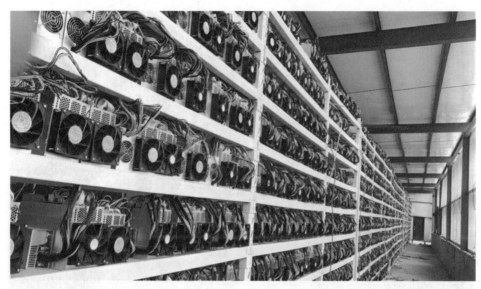

◎比特币"矿场"

　　同时，由于当前芯片的发热问题难以解决，大数据中心、超算中心的散热问题也是当前亟待解决的问题。传统的冷却方式是靠风冷、水冷甚至是空调来进行冷却。然而，这些冷却方式不仅效率低，而且还额外增加了耗能，据统计，数据中心的总耗能中的 40% 来源于散热设备。因此，很多数据中心为了能够更加高效地散热，把数据中心建设在一些温度相对稳定的环境中。比如，微软将数据设备放置于海底，利用海水为设备降温；苹果、华为、腾讯等公司纷纷将公司的数据中心建在贵州的山洞之中，这一方面是由于贵州的电力供应充足，电价相对便宜，另一方面就是因为，山洞为数据设备提供了一个恒温恒湿的环境。

◎贵州在建的山洞大数据中心

◎微软的数据中心

另外，当前为了提升芯片能效和速度，就需要不断地提升芯片的制程，提升制程的本质就是意味着晶体管的减小，这样在单位面积的芯片上就可以集成更多的晶体管。当前，芯片技术是我国科学技术发展的"卡脖子"技术。目前，国际上三星和台积电已经将芯片制程提升到了 3nm，未来芯片还将继续减小。那么，芯片制程迟早将达到量子效应主导的微观尺度，到那时芯片的发展就必须考虑量子效应，摩尔定律是否还将继续起效？

因此，传统科技发展已经遭遇算力提升的瓶颈，未来芯片发展路在何方，答案就在量子科技。

信息安全的瓶颈

信息的安全保密的传递，自古以来就是人类追求的梦想。古代中国，人们会使用明矾水所写的书信来传达秘密的信息，这样在干燥的时候，信纸上空无一物，只有当信纸湿润的时候才会显现字迹。公元前 7 世纪，斯巴达人将布条缠在加密棒上，只有将布条绑到特定粗细的加密棒上，才能获取所传达的信息。1836 年，美国发明家萨缪尔·摩尔斯（Samuel Morse）发明了摩尔斯密码。摩尔斯密码是近代战争中使用最多的一种加密方式，很多谍战剧中电报员滴滴答答地敲击着电报机就是传送着摩尔斯密码加密信息。

二战时期，德国大量使用恩尼格码（Enigma，是对二战时期纳粹德国使用的一系列相似的转子机

国际摩尔斯电码

1. 一点的长度是一个单位；
2. 一画是三个单位；
3. 在一个字母中点画之间的间隔是一点；
4. 两个字母之间的间隔是三点（一画）；
5. 两个单词之间的间隔是七点。

摩尔斯电码

密码机

械加解密机器的统称）通信密码机，它可以把人们平时的语言文字自动转换为固定模式的代码发出去，这使得德国在一段时间之内的军事行动极为顺利，并且这种信息即使被盟军截获，也会因为无法在短时间内破解出来而延误战机，使无数人置于危险之地。这一境况直到 1939 年，以图灵为核心的盟军密码破译小组成功破译了德军的恩尼格码密码才得到改观。

◎恩尼格码密码机

到了现代社会，人类对于信息安全的诉求达到了前所未有的高度，越来越多的信息被数字化，这些信息不仅涉及国家安全，还涉及企业竞争以及个人财产安全等重大问题。目前被政府和企业广泛使用的是 RSA 公钥加密系统。该加密系统由美国麻省理工学院的罗纳德·李维斯特（Ron Rivest）、阿迪·萨莫尔（Adi Shamir）和伦纳德·阿德曼（Leonard Adleman）三人于 1977 年提出。RSA 公钥加密算法的核心机制是基于寻找一个大数的质因数及其困难。 RSA 公钥加密算法由一组公钥和密钥组成。密文由公钥来进行加密，接收者想要解密必须要用密钥解密。公钥是一个足够长的数字，密钥则是公钥的质因数。虽然，公钥是公开的，但是至今为止，世界上仍然无法找到一个能够高效地分解大数质因数的方法。15 的质因数是 3 和 5，这样小的数可以很容易找到质因数，然而随着数字位数的增加，分解难度会指数级提升。比如，如果分解一个 1024 比特的 300 位大数，如果用当今最快的超级计算机来暴力破解的话，所花时间可能将超过宇宙的年龄。

然而，RSA 公钥加密算法始终还是依靠计算复杂程度而建立起来的加密体系，随着计算能力的不断提升，从原理上讲，这样的加密系统是可以被破解的。比如，1999 年，一台名为 CrayC916 的电脑用了 5 个月时间分解了 512 比特的密钥；2009 年，瑞士的一个研究团队报告成功破解了 768 比特的密钥。虽然，如果想要继续保证加密安全，我们可以使用更大公钥来进行加密，但是这也只是权宜之计。随着计算机计算能力的发展，这种方法可能只能保证今后几年的加密安全。实际上，大数分解质因素这一问题，在数学上我们并没有证明无法找到一个高效的算法来解决这个问题，并且我们也无法排除某些人可能已经找到这样的算法，但是并没有公之于众。

另外，还有一个需要特别强调的是，1994 年，贝尔实验室的肖尔（Shor. Peter）提出了一个分解大整数的量子算法"Shor 算法"，理论上讲可以在十几分钟内破解目前最复杂的 RSA 公钥加密系统。如果当前我们已经有一台成熟的量子计算机的话，RSA 公钥加密算法就会形同虚设。因此，目前的加密体系已经不能满足人类对于信息安全的需求，人类社会亟待新的加密系统。

测量精度的瓶颈

随着科学技术的发展，越来越多的领域需要实现更加精密的测量。我们以对于时间的计量为例来说明这个问题。人类从诞生之日起，就一直在追寻更为精密的时间间隔的测量。对于较长的时间间隔，可以通过观察天体的规律性的运动来计量，比如古人将太阳的东升西落定义为一天，四季变化一轮定义为一年；对于更短的时间，古人还发明了日晷，如图所示，通过太阳照射在日晷上所呈现的倒影变化，就可以确定时间的变化。不

日晷

过，日晷必须得靠太阳才能计时，那么到了晚上，日晷就无法发挥作用了。因此，古人还发明了很多其他的计时方式，比如可以使用沙漏来计时，还可以通过点燃蜡烛、油灯来计时等等。这些计时方式都体现了人类对于计时的需求。

随着人类社会的发展，特别是人类大航海时代对于更准确计时提出了要求。计时性能的一次大的提升，则要归因于钟表的出现。传统的钟表依靠拥有固定振动周

期物体来精确测定时间，这样的物体可以是单摆，如图所示钟摆和机械腕表就是依靠单摆的固定摆动频率来实现较为精准的计时，还可使用石英晶体，比如石英表。最好的机械表，可以做到一天只有一秒的误差，那么一周差七秒，一年就会有六分钟的误差。相较之下，石英表就比机械表精准许多，一般的石英表每日的误差大约为 0.5 秒，甚至最精准的石英表可以做到一年只有一秒的误差。一年误差一秒，这对于我们日常生活的大部分场景来说都可以忽略不计，但是还有一些场景，这样的误差可能会是致命的。比如 GPS 卫星定位，卫星如果存在十亿分之一秒（1 纳秒）的时间误差，则会产生 0.3 米的测距误差，如果误差达到 1s 的话，定位误差将大得惊人。因此，如果采用传统技术实现的计时方式，是无法满足当前社会和科技的发展的，解决方法还需要依靠量子科技，后文将详述。

摆钟和机械腕表

　　精密测量的另一个重要领域是天文学领域。美国东部时间 2015 年 9 月 14 日 5 时 51 分，LIGO 观测到了 13 亿光年之外产生的引力波。这一瞩目的成果，不仅表明爱因斯坦的预言是正确的，也反映了人类在高精度测量方面的巨大进步。引力波是时空的涟漪，就好像我们扔进水里的一块石头荡起的涟漪一样，引力波是大质量物体扰动时空泛起的涟漪。这样的大质量物体的扰动可以是两个黑洞的合并，也可以是恒星演化到末期时的超新星爆炸，还可以是宇宙诞生时的大爆炸等等。然而，引力波诞生之处离我们又太过遥远，穿过广袤宇宙最终到达地球并被观测到时，其振幅已经变得极其微弱，数量级都在 10^{-21} 以下，而原子的尺度在 10^{-10}，电

子的尺度在 10^{-15}。可想而知，要测量引力波是多么的困难。除了引力波，还有更多的天文观测都需要非常精密的测量，比如拍摄黑洞的照片。

除了时间测量和天文学领域，还有更多的领域同样需要非常精密的测量，比如超高分辨成像、时间频率同步、大气与环境监测、磁场探测、高精度频谱分析等等。当前前沿科学的发展分为以量子力学为代表的微观科学和以爱因斯坦相对论为代表的宇观科学。但是，传统的科学技术受到极限理论的限制，无法向更高层面突破。在 2020 年 9 月 11 日召开的科学家座谈会上，习近平总书记表示："科学研究应该不断向科学技术广度和深度进军，而这也深刻揭示了世界科技前沿不断向宏观、向微观深入的趋势和特征。"

虽然，量子世界还存在很多难以解决的难题，但并不妨碍人类利用量子力学原理改造世界的雄心。

突破瓶颈

20 世纪诞生的量子力学，完全颠覆了人类对于大自然的传统认知，是人类探究微观世界的重大科学成果。随着量子力学理论的逐渐完善，第一次量子革命爆发，使人类认识了微观世界物质的运行规律，通过调控电压、电流、光强等宏观物理量，提供信息获取、存储、处理和传输的基础介质和技术手段，构成现代信息社会的物理基础。比如，原子能、半导体、激光、核磁共振、超导和全球卫星定位系统等等。然而，实际上，第一次量子革命仅仅是量子理论的浅层次应用，并没有涉及量子理论中的核心内容。随着微观粒子量子调控技术的发展，以量子信息科技发展为代表的第二次量子革命则将在更深层次上推动技术的变革。第二次量子革命基于量子纠缠、叠加态、不可克隆、量子隧穿等核心量子效应，通过调控光子、电子、冷原子、离子等微观粒子，最终实现经典技术向量子技术的跨越，彻底颠覆经典的技术体系。因此，由于以量子计算、量子通信以及量子精密测为代表的量子信息科技遵循完全不同于经典信息技术的微观量子效应，这为破解传统经典技术发展瓶颈提供新的解决方案。

量子计算将突破算力的瓶颈。量子计算是独特的利用量子力学效应特别是量子纠缠来完成的全新类型的计算方式。量子计算是利用微观粒子的量子叠加态以及纠缠态等量子特性构成的量子比特为基本计算单元，不同于非 "0" 即 "1" 的经典比特，量子比特可以处于 "0" 态和 "1" 态之间的所谓 "量子相干叠加态"。正是基于量子的独特性质，量子计算在理论上拥有超快的并行计算能力、巨大信息携带能力以及量子模拟能力。相较于传统计算机，随着量子比特数目的增加，量子计算机的算力可以实现指数级别的提升。比如，谷歌公司和我国潘建伟院士团队已经分别在超导和光量子系统中实现了里程碑式的进步："量子霸权"。2020 年，我国中科大潘建伟团队构建的 76 个光量子计算机"九章"，根据现有理论，该量子计算系统处理高斯玻色取样的速度比目前最快的超级计算机快一百万亿倍。量子计算所带来的算力飞跃，将成为推动未来科技加速发展的关键，在人工智能、基础科学、材料研发、医药研发、仿真设计等多个领域产生重大颠覆性影响。1981 年，为了解决经典计算机无法精确模拟量子系统的困境，理查德·费曼率先提出了量子计算的概念。[①] 经过近四十年的发展，量子计算已经破茧成蝶，从一个理论构想变成了世界各国争相抢占的技术制高点，已经发展出超导、光量子、离子阱、量子点、拓扑等多个技术路线，其中超导、光量子和离子阱发展较快。

量子通信将突破人类信息安全的瓶颈。量子信息技术在剔除一个加密算法的同时，也为人类带来了一个绝密的加密算法。量子通信利用微观粒子的量子叠加态或量子纠缠效应等进行信息或密钥传输，基于量子态的不可克隆原理可以保证信息或密钥传输的绝对安全性。量子通信可以分为量子隐形传态和量子密钥分发两类。量子隐形传态可以实现量子态信息的直接传输，但是量子态的信息的解调需要借助传统通信的辅助才能完成。量子秘钥分发则可以实现通信双方绝对安全的量子密钥共享，结合传统保密通信技术，实现经典信息的加密解密，解决了传统保密通信技术中密钥安全性低的缺陷。利用量子秘钥分发来对信息进行加密解密，就是我们通常所说的"量子保密通信"。

量子测量突破测量精度的瓶颈。量子测量是通过对微观量子系统量子属性的精密测量及调控，可以实现被测量子系统物理量信息的提取和输出。相比于传统的测量技术，量子测量在测量精度、灵敏度和稳定性等方面比传统测量技术有明显优势。通过对不同种类量子系统中独特量子特性的调控与测量，可以实现量子惯性导航、量子目标识别、量子重力测量、量子磁场测量、量子时间基准等领域的测量传感。比如，近日，在量子微波精密测量方面，山西大学贾锁堂教授团队基于里德堡原子体系的微波精密测量实现了国际上最为灵敏的微波相敏测量，相较于传统的经典微波测量方法，实现了三个数量级的精度提升，这为实现更高灵敏度的量子精密

---

① Feynman, R P. Simulating physics with computers ［J］. Int. J. Theor., 1982, 21（6–7）: 467–488.

测量迈出了重要的一步，并将在射电天文学、雷达技术和计量学等多个重要领域产生重大影响。[1] 人类传统的计时工具石英钟的计时精度能达到 270 年误差一秒，而基于量子技术的原子钟的计时精度可以达到数亿年误差不到一秒。此外，还有更多的量子精密测量技术已经应用在非常广泛的领域，比如基于量子干涉仪的引力波探测、核磁共振医学诊断等等。因此，量子科技将突破传统技术的发展瓶颈，推动科学技术迈入量子时代，引爆新一轮科技革命。

因此，量子信息技术将突破人类传统技术在算力、信息安全以及测量精度的瓶颈，全方位地改变和提升人类在大数据时代下，获取、传输和处理数据信息的方式和能力，最大程度上满足人类在信息文明时代下社会发展的需求。

量子科技蕴含巨大的战略价值

量子科技将在越来越多的领域发挥重大颠覆性的作用，具有重大科学意义和战略价值，表现在以下三个方面。

第一，量子科技将推动基础科学研究的发展。宇宙最本质的运行规律是量子原理，因此，基于量子科技发展起来的量子计算机和量子模拟器，理论上可以实现对于任意物理系统的量子模拟，为解决一些无法进行实验验证或者需要极端实验条件才能实现的前沿科学难题提供了新的方案，比如，规范场理论、黑洞理论、超导机制、量子引力等等。量子技术颠覆了传统的计算复杂性理论，一些传统计算机无法解决的数学难题，量子计算机将能轻易解决，比如目前广泛用于银行、政府的 RSA 公钥加密算法。量子技术将推动人工智能技术进入另一个发展高潮。未来技术的发展正在朝量子化和智能化两个方向发展，人工智能技术的发展受限于算法和计算能力的发展，量子计算机和量子算法则有望带来人工智能的飞跃。量子科技将推动生物学的发展。生物体的运行机制还存在很多未解之谜，比如，人类意识之谜。越来越多的科学证据表明，生物体本身很多精密的结构和功能都可以用量子力学原理来解释。

第二，量子科技将在国防安全方面发挥重要作用。量子计算将威胁到目前所有的加密系统，人类信息安全岌岌可危。不过，量子科技还将带来一个绝对的保密系统：量子通信。此外，量子技术还将催生更多的颠覆性成果，将驱动军事领域产生

[1] Mingyong Jing, Ying Hu, Jie Ma, Hao Zhang Linjie Zhang, Liantuan Xiao and Suotang Jia, Atomic superheterodyne receiver based on microwave-dressed Rydberg spectroscopy. Nature Phys, 2020, 16: 911-915.

更大的变革。比如，原子弹、激光武器、量子雷达等等。

第三，量子科技将带来重大的经济和战略价值。20世纪60年代，美国借助以计算机和互联网为代表的信息技术革命，牢牢占据了世界经济、科技的主导地位，并进一步巩固了军事、政治强国的地位。目前我国"卡脖子"的芯片技术，正是这一时代的产物。历史上，每次科技革命无一不是在前一次科技革命的基础上，突破技术发展瓶颈，满足人类更高层次的需求，进一步带来全新的产业技术变革，为经济增长注入活力。

量子科技将是新科技革命的导火索，并将引领新一轮的科技革命。不论哪个国家率先在量子科技领域实现技术突破，占领这一技术制高点，必将成为新技术标准的制定者，并牢牢执掌相关产业的主导权，进一步内化为科技、经济的竞争优势，成为大国博弈的核心竞争力。以美国为例，进入21世纪以来，密集发布了数十项和量子科技相关的战略规划，并且将量子芯片计划称作"微型曼哈顿计划"，将量子科技提升到了和曼哈顿计划相同的高度。

量子科技是突破传统技术发展瓶颈，引领新一轮科技革命的重大颠覆性技术，具有重大科学意义、经济和战略价值。目前，人类科学技术的根基还停留在经典的牛顿物理时代，伴随着科技的不断进步，人类已经无法避开微观的量子世界，未来量子技术将应用到社会的方方面面，人类终将进入量子文明时代。量子科技已经成为大国博弈的新战场，我国错失前三次科技革命的发展机遇，通过几十年的追赶，已经具备争夺新一轮科技革命策源地的科技和经济实力，相信再经过几十年的努力，我国必将弯道超车，突破西方国家的科技封锁，实现由追赶者向引领者的角色转换，并最终实现中华民族的伟大复兴。

二、量子赋能人工智能

量子人工智能（Quantum artificial intelligence，下文简称"量子AI"）是融合量子信息和人工智能两大颠覆性技术，极具发展潜力和应用前景的新兴战略性革命技术。目前，人类技术的根基还停留在经典物理学，但是我们知道，宇宙的基本运行规律服从量子力学原理，随着量子技术的发展，可以预见未来人类技术都将基于量子原理来运行，人类文明终将进入量子文明时代。量子信息技术则是在这一背景下应运而生，它结合了量子力学原理和传统信息学，是具备超越传统信息技术的超快并行计算能力、绝对安全的保密通信以及超精度传感测量的新兴信息技术。人工智能可以理解为用机器来模拟人类的思维过程以及智能行为，使机器达到甚至超越人类的智能，大大提升机器数据处理效率。量子信息技术是量子 AI 硬件层面的技术，而人工智能是软件层面的技术。

人类历史上经历了三次科技革命，科技革命在改变人类社会面貌的同时，更深刻的是对人类科学范式的改变。随着大数据时代的到来，数据已经成为变革一切的力量，成为人类科学范式的新核心要点。因此，在新的科学范式下，数据处理能力将是新科技革命的核心驱动力。量子 AI 兼具量子信息和人工智能数据处理优势，将突破人类传统技术的瓶颈，成为未来科技加速演进的"催化剂"，引领第四次科技革命。

人类思维范式变化

随着科学技术的持续进步，人类战胜了过去几千年来长期困扰人类生存的三大威胁：饥荒、瘟疫、战争。以蒸汽机的发明为代表的第一次科技革命，人类从繁重的手工劳动中解放出来，生产力获得了极大的提高；在此基础上，以电力的普及使用为代表的第二次科技革命，推动人类进入了电气时代，进一步提升了人类生产力；电力的使用以及人类对于信息交换的需求催生了以信息技术为代表的第三次科技革命，为人类文明的发展提供了前所未有的物质基础。三次科技革命，可以说已经基本解决了人类对于温饱、健康、安全的追求，人类正在经历由物质需求向精神需求的转变。2017 年，张杰院士在上海院士专家峰会上指出："到了今天，人类需求即将发生质变，即从物质需求转化为精神需求。过去的社会基本上是一个物质型社会，以不断获取物质和能量作为生活追求的目标，现在我们已经逐渐过渡到了一个知识型社会。"

知识型社会下，全球科技创新竞争日趋激烈，大量的新知识新技术不断涌现，以人工智能、量子信息、5G、大数据、云计算、区块链、物联网等为代表的新一代信息技术正以摧枯拉朽之势重塑着人类社会面貌，人类正处在新一轮科技革命爆发的前夜。信息技术的快速发展催生了大数据时代的到来，人类的知识和数据正以前所未有的速度爆炸式增长。在过去，人类通过不断地掠取物质资源来提升竞争力，在大数据时代，知识和数据将超越物质资源的地位，成为当今社会最宝贵的战略性资源。在这样的背景下，更加深刻的改变将是人类思维范式的变化。人类的思维范式将经历由经典的物理决定论向大数据思维范式转变。张杰院士认为，以往的历次科技革命，都是基于对物理规律决定的因果律的认识，进而改造世界，而大数据思维数据方式，则是基于算法对数据进行分析，从而在万物之间建立起逻辑关系而得出结论。数据科学权威专家维克托·迈尔-舍恩伯格在其大数据研究的开先河之作《大数据时代》中指出，社会需要放弃它对因果关系的渴求，而仅需关注相关关系。他也被誉为"大数据商业应用第一人"。① 科技的进步带来人类思维范式的变革，而人类思维范式的变革将是新科技革命爆发的基础。从前三次科技革命的发展规律可以看出，每次科技革命都以前一次科技革命作为基础，突破人类社会发展的瓶颈，在更大规模、更深层次上拓展和满足人类需求。那么我们可以推论，第四次科技革命必定是以新一代信息技术为主导。

在新的思维范式下，人类原有技术已经不能满足社会发展的需要。潘建伟院士在 2017 年钱塘江论坛上表示，随着人工智能和大数据时代的到来，未来的发展是不是需要发展新的技术能力来支撑大数据时代的到来和人工智能时代的到来？其实原有的技术已经远远不能满足需要，信息安全的瓶颈和计算机能力的瓶颈已经限制了 AI 和大数据发展。

量子 AI 引领第四次科技革命

在大数据时代，信息技术的发展呈现两大趋势：一是量子化，另一个则是智能化。而量子信息技术和人工智能的相互融合则将是引爆新一轮科技革命的导火索。图灵奖获得者、中国科学院院士姚期智认为："量子计算和人工智能的结合称为未来的重大时刻，通过量子计算的进步，我们可以把量子和人工智能相结合，也就是说用量子算法，来了解或者是创造新的智慧，获得超越自然的力量。"

量子信息技术和人工智能技术是一对相辅相成的技术。一方面，量子信息技术将突破人工智能在数据处理时算力不足、信息传输时保密性低以及信息获取时精度不足的瓶颈；另一方面，人工智能智能化的数据处理方式又将进一步提升量子信息技术数据处理能力和效率。我们可以简单地认为量子信息技术是量子 AI 在硬件层面的技术，而人工智能则是量子 AI 在软件层面的技术。这其中量子计算与人工智能的结合，可以看作是量子 AI 的神经中枢，负责信息的高速处理与指令的输出。量子通信、量子测量与人工智能的结合，则可以看作是量子 AI 的

---

① 维克托·迈尔-舍恩伯格，肯尼思·库克耶. 周涛译. 大数据时代：生活、工作与思维的大变革［M］. 杭州：浙江人民出版社，2012:152.

感官系统，负责信息数据的保密传输和精准数据的获取。因此，量子 AI 将是未来人类科技发展的趋势和技术变革的核心驱动力。下文笔者从三个方面来阐述发展量子 AI 的重大意义：

1. 极大地促进科学技术的发展

在促进科学技术的发展方面，可以从量子 AI 的三个方面含义来分析：

第一，量子数据用经典机器学习算法来处理。目前，科学家已经开始利用现有人工智能技术来优化量子力学实验以及推导量子力学公式。比如，2016 年，澳大利亚国立大学的研究小组使用人工智能系统来操控冷原子实验中的激光以及其他一些参量，经过几十次实验后，人工智能找到了更高效的冷却方法，并且实现了玻色－爱因斯坦凝聚。[①] 项目的首席研究员之一、澳大利亚国立大学的保罗（Paul Wigley）表示，人工智能甚至可以设计出人类还没想到的复杂方法来把实验温度降得更低，让测量更精确。此外，人工智能可以用来分析量子粒子的势能密度数据从而推导出了薛定谔方程，[②] 可以实现高效率的量子关联识别，[③] 等等。我们可以预期，在今后科学研究方面，人工智能将发挥更多更大的作用。

第二，经典数据用量子计算机来处理。随着科学技术研究的不断深入，越来越多的科学技术需要大数据技术来进行分析，这对于数据获取以及分析提出了更高的要求，比如，地质勘探、天气预测、仿真模拟等等。量子 AI 将取代传统的超算中心，更加高效更加节能地完成更多数据量的处理。比如，中科大潘建伟团队在 2015 年首次演示了量子机器学习算法，理论上，计算两个亿亿亿维向量的距离，用目前最快的经典计算机需要十年，而量子计算机则需要不到一秒钟的时间。因此，随着量子计算机进一步发展，量子 AI 将能以极低的能耗获取指数级别的算力提升，在更多的应用场景发挥更大的作用。

① P. B. Wigley et al. Fast machine-learning online optimization of ultra-cold-atom experiments [J]. Scientific reports,2016,25890.

② Ce Wang et al. Emergent Quantum Mechanics in an Introspective Machine Learning Architecture [EB/OL]. 2019, arXiv: 1901.11103.

③ Mu Yang et al. Experimental Simultaneous Learning of Multiple Nonclassical Correlations [J]. Phys. Rev. Lett. 2019, 123: 190401.

第三，量子数据用量子计算机来处理。"量子邱奇－图灵论题"[①] 指出，可以利用一个量子系统模拟任何其他量子系统，从一个电池到黑洞。量子 AI 将能够解决理查德·费曼在 1981 年提出的"经典计算机无法精确模拟量子系统"的困境。一方面，人类的很多科学技术都已经深入到原子、分子层面，而主导微观世界的基本法则是量子力学。比如，核裂变实验、冷原子物理实验、高能物理等，还有化学反应过程、生物分子相互作用、新材料的研发等等。这些实验均需要在极其苛刻的实验条件下才能进行，很大程度上限制了研究的进展。另一方面，人类的科学研究不仅仅局限于微观世界，还将目光投向宏观宇宙时空，比如，宇宙初期、黑洞、圈量子引力、弦理论等等。而传统的研究方式，仅仅局限于天文观察或者理论计算。量子 AI 将能够在实验室中创造出一个宇宙，在微观或者宏观尺度上以任意的精度对这些量子系统进行模拟实验，极大地拓展人类科学研究以及认知的边界，加速人类对于宇宙终极奥秘探索的进程。

2. 促进弱 AI 向强 AI 转变

从人工智能总体发展来看，人工智能可以划分为弱人工智能、强人工智能和超人工智能。弱人工智能和强人工智能的一个显著区别就是是否具备自主思考能力，是否具备自我意识。目前，人工智能技术只能按照既定程序实现一些机械式任务，这些任务与自主意识无关，是"弱人工智能"。比如，1997 年，IBM 的深蓝战胜了人类棋手，实现了一个里程碑式的进步，但是其本质上并不具备自我意识，按照其设计师的说法，他们的机器仅仅是一台快速计算器，能够在几秒内群举出上亿步象棋的走法。量子 AI 将带来真正意义上具备自主意识的人工智能，即"强人工智能"。

人类意识的本质，一直是学界争论不休的议题。在牛顿的经典力学时代，科学家可以将意识排除在物理学之外，将它留给哲学家和神学家去处理。而量子力学的诞生，成为连接意识和物理世界的桥梁。"测量问题"或者说"波函数的坍缩"为人类提供了一个意识对物理世界影响的证据，并且很多学者都认为，量子力学与意识是相互关联的，比如，物理学家尤金·维格纳（1961）、戴维·玻姆（1980）、罗杰·彭罗斯（1989）、亨利·斯塔普（1993）等以及哲学家迈克尔·洛克伍德

[①] "邱奇－图灵论题"定义了可计算性，"量子邱奇－图灵论题"是它的量子泛化，将其拓展为一条物理原理，认为通用量子计算机可以模拟任何一个有限的可以实现的物理系统。该论题由牛津大学理论物理学家多伊奇首先提出。

（1989）、大卫·查莫斯（1996）等。其中影响力较大的要数英国物理学家罗杰·彭罗斯。他在其著作《皇帝新脑》一书中，从"哥德尔不完备定理"出发，非常有争议地推断道：意识的过程是不可计算的。也就是说，他否认了强人工智能的实现，但他在书中仍然用很大的篇幅探讨了意识和量子的关联的可能性。更进一步，1994年，彭罗斯和神经学家斯图尔特（Stuart Hameroff）在《意识的阴影》一书中给出了意识的量子模型，认为意识来源于大脑中微管的量子纠缠效应。

近年来，随着量子计算以及量子生物学的发展，越来越多的证据表明生物系统与量子力学的相关性，比如光合作用、知更鸟的量子定位系统[1]等。量子力学与生物系统的相关性讨论，最早可以追溯到量子力学奠基人之一薛定谔的著作《生命是什么》。英国萨里大学理论物理学家吉姆·艾尔－哈利利在其畅销科普著作《神秘的量子生命》（被称为"量子生物学奠基之作"）一书中认为，人脑就是量子计算机，并且更进一步指出："这个世界上主宰万物运动的法则只有一种，那就是量子法则。"2015年，美国物理学家马修（Matthew Fisher）同样指出，人类大脑的工作原理很有可能与量子计算机一致，而磷原子的核自旋就充当了大脑的"量子比特"。[2]姚期智院士也表达了类似的观点："当量子计算和人工智能二者结合，有没有可能打造出和大脑相匹配的复杂智慧系统？如果我们一直保持这样的理想，这也许是一个新的世界。"

因此，量子人工智能必将推动人类对于脑科学的研究。可以预期，在不久的将来，一方面人类将可以实现对于人类大脑的进一步开发，从而提升和拓展人类的智力水平；另一方面，随着量子AI技术的进一步发展，机器必将觉醒，人类将能够制造人脑的神经网络。这将是一项令人既兴奋又恐惧的科技突破，将对整个人类社会的组织结构产生颠覆性的影响。如果说前几次技术变革是对人类的手和脚的替代，那么量子AI所带来的技术变革将是对人类自身的替代，对人类社会带来的影响和冲击将是前所未有的。

3. 蕴含巨大的经济效益以及战略价值

科技革命所带来的产业变革对人类经济增长以及社会进步的推动作用，已经成

---

[1] T. Ritz, P. Thalau, J. B. Phillips, etc. Resonance effects indicate a radical-pair mechanism for avian magnetic compass. [J]. Nature, 2004, 429: 177.

[2] Matthew P.A. Fisher.Quantum cognition: The possibility of processing with nuclear spins in the brain [J]. Annals of Physics, 2015, 362: 593-602.

为各国专家学者的共识。历次科技革命的爆发地，都会出现新的世界科学中心和新的政治经济强国。量子 AI 作为第四次科技革命的核心驱动力，将在人类社会发展的方方面面发挥重大作用，以此带来的产业技术变革不可限量。

第一，量子 AI 将成为量子信息技术和人工智能发展的最新驱动力，并将驱动整个人类社会的产业技术变革。量子计算最初是费曼为了解决经典计算机无法模拟量子系统的困境而提出的，量子计算由此开端，这也是量子计算的发展的原始驱动力。随后"Shor 算法"以及"Grover 算法"[①]等实用性战略性量子算法的出现，使得量子算法从学术界进入了公众视野，成为各国政府和大型科技企业争相发展的战略性技术。进入 21 世纪，量子 AI 算法的出现，为机器学习插上了翅膀，更进一步加速了量子计算和人工智能的发展。人工智能在发展史上经历了三次发展高潮，每次高潮都离不开新技术的推动，而量子 AI 将助推人工智能进入下一轮发展高潮。

第二，量子 AI 将在国防安全方面发挥重大作用。首先，量子 AI 将动摇人类目前应用最广泛的信息加密系统。人类目前的加密系统是基于计算复杂程度而建立起来的加密系统。然而，利用"Shor 算法"，理论上可以在极短的时间内破解目前最复杂的加密系统。不过，在量子 AI 剔除现有加密系统的同时，又为人类带来一个无条件安全的保密通信系统——量子通信。其次，量子 AI 将在军工产业、战场辅助、特种作战等方面发挥重要作用。量子 AI 将成为未来战场的大脑，更多的智能化武器将加入战场，极大降低人员伤亡。另外，更加精准的量子测量设备也将成为未来战场的尖兵，比如量子陀螺仪、量子雷达、量子目标识别等等。这一系列智能化的量子技术使得整个战场融为一体，提供更加准确的战情分析、战场决策，成为未来战场的撒手锏。

第三，量子 AI 已经成为大国博弈的新核心要点，并将重塑世界科技、经济、政治格局。近年来，量子信息和人工智能两大技术所蕴含的巨大变革力已经成为世界各国的共识，各国纷纷抢滩布局，发布战略规划，将这两项技术列为重点发展的战略性技术。以美国为例，美国将量子信息技术的研发，提高到了与原子弹研发同等重要的高度，从 2002 年开始陆续密集发布了多个国家级战略规划，比如，"量子信息科学与技术规划（2002）""微型曼哈顿计划（2008）""量子信息科学国家

①Lov K. Grover, A Fast Quantum Mechanical Algorithm for Database Search［C］. STOC, 1996: 212-219.

战略概述（2018）""国家量子行动计划（2018）""2018 国防部人工智能战略概要（2019）""无尽前沿法案（2020）"等等，谷歌公司还建立量子人工智能实验室以促进量子信息技术和人工智能的融合发展。美国越来越密集地发布战略规划，一方面，足以显示出其对量子 AI 的重视；另一方面，也反映了美国感受到了来自其他国家对其世界头号强国地位的威胁。除美国外，欧盟、日本、英国、加拿大、中国等也都已经在相应领域进行了大量的谋篇布局。

第四次科技革命的战火已经蔓延开来，不论哪个国家抢占了量子 AI 这一技术制高点，那么必将在标准制定和产业竞争中占据有利地位，进一步在经济、军事、科研、安全等领域迅速建立全方位优势，成为新的科技政治经济强国。

量子 AI 是引领未来人类社会发展的革命性技术，将突破人类在大数据时代技术发展的瓶颈，从根本上改变现有技术研究的方式方法，推动整个人类社会经济产业的范式变革，引领第四次科技革命。我国错失前三次科技革命的发展机遇，而量子人工智能正在开启第四次科技革命的序幕，其蕴含巨大的应用前景、经济效益以及战略价值，已经成为各个国家竞相角逐的技术制高点，因此我国唯有抓住这一发展机遇，率先在量子人工智能方面实现突破，才能实现跨越式的发展，从而迅速在世界范围内确立领先地位，成为新的世界科学中心，实现中华民族的伟大复兴。

三、量子计算机一定比传统计算机强吗

1959 年，在加州理工学院举行的美国物理学会年会上，诺贝尔物理学奖得主费曼作了一个题为"There is plenty of room at the bottom"（底部有足够的空间）的主旨演讲，[①] 他在演讲中说道："当我们进入极小极小的微观世界，我们将遇到很多新事物，这意味着我们将会有更多全新的设计机会。微观尺度原子会表现出和宏观事物完全不同的行为，它们满足量子力学原理。所以当进入原子层面，将遵循完全不同的原理，这样我们就可以期待来做一些不一样的事情。"这次演讲被普遍认为是纳米技术发展的主要灵感来源之一，同时也是日后费曼提出量子计算这一"不一样的事情"的思想基础。随后的十几年，虽然也有人提出过运用量子力学原理来进行计算，但是并没有引起学界的关注，真正将量子计算推向焦点的是费曼的

---

① Feynman R P. There is plenty of room at the bottom. Engineering and Science, 1960: 22−36.

另一次富有远见的演讲。

1981 年夏天，在距离麻省理工学院（MIT）校园不远的一处法国风格的大厦 Endicott House 中，IBM 和 MIT 组织了一次名为"计算物理第一次会议"的物理会议，63 岁的费曼受邀作演讲。费曼的演讲题目为"Simulating physics with computers"（《用计算机模拟物理学》），[1] 他在演讲中提出一个基本观点："我们的自然并不是经典物理学所描述的那样，如果你想要模拟自然界，那么你最好使其量子化。"费曼在晚年一直致力于计算科学的研究，其对于计算以及量子计算的贡献是开创性的，但是费曼并没有意识到，量子计算机对于经典计算机的优势不仅仅体现在模拟量子系统，更重要的是，量子计算机将在其可以解决的问题方面从根本上区别于经典计算机，而且将对整个计算复杂性理论产生深远影响。

○计算物理第一次会议参会人员合影

1985 年，受 IBM 公司本内特（Charles Bennett）关于丘奇 - 图灵论题（Church–Turing Thesis）物理意义观点的启发，牛津大学理论物理学家多伊奇（David Deutsch）发表了一篇里程碑式的文章。[2] 在这篇文章中，多伊奇为量子计算的发展奠定了三大基础性理论问题：1. 通用量子图灵机；2. 量子算法；3. 量子计

---

[1] Feynman R P. Simulating physics with computers. International journal of theoretical physics, 1982, 21（6–7）：467–488.

[2] Deutsch D. Quantum theory, the Church–Turing principle and the universal quantum computer. Proceedings of the Royal Society of London A, 1985, 400（1818）：97–117.

算复杂性理论。由于对量子计算理论开创性的贡献，多伊奇获得了 2018 年度"墨子量子奖"。

首先，多伊奇认为费曼的观点将导致更加一般的通用量子计算机的出现。多伊奇在文章中描述了第一个通用量子计算机模型——量子图灵机，并且指出该量子计算机在理论上可以被建立，而且可以完美模拟任何经典图灵机，以任意精度模拟任何其他的量子计算机以及任何有限的可以实现的物理系统，其所具有的并行计算能力将远远超过任何传统经典计算机。在 N 个量子比特的量子系统中，会形成一个 2^N 个基矢的希尔伯特空间，一次算符操作将作用到所有基矢上，那么这就使量子计算机拥有了极其强大的并行运算能力。多伊奇对量子计算的兴趣正是来源于计算机的并行计算能力。多伊奇对多重宇宙理论深信不疑，认为建造量子计算机或许能为多重宇宙理论提供证据。多伊奇在其论文中很明确地提出："量子理论就是一种平行干涉宇宙的理论。"

Proc. R. Soc. Lond. A **400**, 97–117 (1985)
Printed in Great Britain

Quantum theory, the Church–Turing principle and the universal quantum computer

BY D. DEUTSCH

Department of Astrophysics, South Parks Road, Oxford OX1 3RQ, U.K.

(Communicated by R. Penrose, F.R.S. – Received 13 July 1984)

It is argued that underlying the Church–Turing hypothesis there is an implicit physical assertion. Here, this assertion is presented explicitly as a physical principle: 'every finitely realizable physical system can be perfectly simulated by a universal model computing machine operating by finite means'. Classical physics and the universal Turing machine, because the former is continuous and the latter discrete, do not obey the principle, at least in the strong form above. A class of model computing machines that is the quantum generalization of the class of Turing machines is described, and it is shown that quantum theory and the 'universal quantum computer' are compatible with the principle. Computing machines resembling the universal quantum computer could, in principle, be built and would have many remarkable properties not reproducible by any Turing machine. These do not include the computation of non-recursive functions, but they do include 'quantum parallelism', a method by which certain probabilistic tasks can be performed faster by a universal quantum computer than by any classical restriction of it. The intuitive explanation of these properties places an intolerable strain on all interpretations of quantum theory other than Everett's. Some of the numerous connections between the quantum theory of computation and the rest of physics are explored. Quantum complexity theory allows a physically more reasonable definition of the 'complexity' or 'knowledge' in a physical system than does classical complexity theory.

多伊奇及其文章

其次，多伊奇设计了第一个量子算法——Deutsch 算法，使用他提供的这种并行算法可以将计算速度提高至两倍于经典计算机。然而这并不足以激发人们强烈的欲望去研发量子计算机，因为直接使用两台经典计算机来处理这类问题反而更容易实现。并且该算法在现实社会中并没有实际的应用价值，没有带来明显的社会效益。但是，Deutsch 算法是人类历史上首个利用量子力学原理设计的算法，开创了量子算法的先河，其意义在于为其后出现的量子算法提供了设计思路，而非其解决问题的能力。

最后，多伊奇将丘奇－图灵论题进行了量子泛化，拓展为一条物理原理："任何一个有限的可以实现的物理系统，总可以被一个通用模型机通过有限方式的操作来完美模拟。"多伊奇在这个表述中漏掉了一个最重要的词——量子。这里的通用模型机必须是量子计算机。因此，我们可以认为：当且仅当我们建立了通用量子计算机，丘奇－图灵论题才会是正确的。

多伊奇的这篇论文被视为寻求开发量子计算机的开始。此后，量子计算理论进入了快速发展时期，在基础模型架构以及量子算法方面都取得了长足的进展，其中最为著名的就是肖尔（Shor）算法和格罗弗（Grover）算法。肖尔算法在理论上可以轻松破解被广泛应用于政府、军方、大型企业以及电子商业安全数据传输的RSA公钥加密算法，而这对于目前的经典算法来说是不可能完成的任务。格罗弗算法则可以实现快速的目标数据搜索，可以将搜索复杂度由经典算法的 $O(N)$ 步降为 $O(\sqrt{N})$ 步。实用性量子算法的提出，将量子算法真正推到了公众视野，激发了整个世界（特别是政府、学术界以及企业）对于量子计算的研发热潮，极大地促进了量子计算的发展。

与此同时，科学家们也不得不重新审视计算复杂性理论。计算复杂性理论是研究计算问题的可计算性以及基于算法求解问题所需花费的资源消耗，包括时间、空间资源（比特数、带数、逻辑门数）等的消耗。经典计算复杂性理论以丘奇－图灵论题为基础，定义了可计算函数类。然而，随着量子计算研究的深入，经典计算复杂性理论已经捉襟见肘，量子计算复杂性理论呼之欲出。量子计算复杂性理论将更进一步挖掘量子物理计算设备的计算能力，而其要解决的核心问题就是：基于量子理论的计算设备是否真正像费曼描述的那样，相较经典图灵机能够非常显著地提高计算能力。

为了证明量子计算的优势所在，科学家在计算理论方面进行了大量尝试，不过这并不是一件容易的事情。一方面，由于量子计算复杂性结合了计算科学和量子力学等多个前沿学科，要求研究者必须同时具备这些学科背景，这无形中使得很多潜在的研究者望而却步。另一方面，在数学科学以及理论计算科学方面，研究者们存在一个共识，那就是证明一个否定结果要比证明一个肯定结果更加困难。在经典复杂性理论中，想要证明不可计算要远难于证明可以计算。[①] 因此，想要证明经典计算理论不可计算某一问题，是一件非常困难的事情。

就在量子复杂性理论如火如荼发展的同时，量子计算的实验方案也被提上了日程。1989 年，多伊奇首先提出了建立一个通用量子逻辑门的方案。[②] 随后，迪维森佐（David P. DiVincenzo）、斯莱特（Tycho Sleator）以及魏因富尔特（Harald Weinfurter）等人进一步完善并简化了量子逻辑门的物理实现，证明了两量子比特量子逻辑门对于构建任意量子逻辑网络的通用性，为马上将要来临的实验量子计算打开了大门。

在 1994 年科罗拉多举办的国际原子物理学大会上，牛津大学数学研究所的量子物理学教授埃克特（Artur Ekert）发表了关于量子计算理论的演讲，并且向在座的科学家们提出了一个挑战：谁可以实现量子可控非门来验证量子计算的可行性？正是这一演讲启发了在座的奥地利因斯布鲁克大学的西拉克（Juan I. Cirac）和佐勒（Peter Zoller）。由于对离子阱实验系统的熟悉，他们意识到利用离子阱系统极有可能实现这一突破。就在会后一年，两人便首次提出了基于离子阱系统的量子计算方案。[③] 这次会议实际上标志了实验量子计算的开始。离子阱系统较长的退相干时间、高效的读取操作，使得该方案成为当时实现可控量子逻辑门的最好选择。终于，在 1995 年，基于佐勒的离子阱方案，美国国家标准与技术研究院（NIST）的维因兰德（David Wineland）团队第一次在实验上实现了量子逻辑门操作。尽管该系统仅包含两个量子比特，但是其证明了可控量子门操作的可行性，为实现大规模量子网络奠定了基础。维因兰德也因为测量和操控单个量子系统的突破性实验方法和法国科学家阿罗什（Serge Haroche）分享了 2012 年诺贝尔物理学奖。

[①] Sipser M. Introduction to the theory of computation. International Thomson Publishing, 1996.

[②] D. Deutsch, "Quantum computational networks," Proceedings of the Royal Society of London 425, 73-90（1989）.

[③] Cirac J I, Zoller P. Quantum computations with cold trapped ions. Physical review letters, 1995, 74（20）: 4091.

◎首届墨子量子奖获奖者：潘建伟（左一）、西拉克（左四）、埃克特（左五）、本内特（左六）、佐勒（右一）、肖尔（右三）、维因兰德（右四）

在维因兰德的开创性实验之后，大量令人兴奋的量子计算机实验方案如雨后春笋般发展起来。目前，发展较快的实验量子计算系统有光量子系统、超导量子系统、离子阱系统等。此外，还有核磁共振、金刚石色心、拓扑量子计算等方案，这些实验系统各自在不同的方面存在优势以及缺陷。到目前为止，到底哪个实验方案能够率先实现通用量子计算机，仍然没有定论。不过，科学家普遍认为，实现量子计算必需要满足迪维森佐给出的 5 条实现标准。[1] 迪维森佐判据可以表述为：

1. 要能够较好地表征量子比特的物理参数，并且要有足够的扩展性来应对更为复杂的计算任务；

2. 在开始计算前，要能够将量子比特初始化为已知的低熵能态，比如态。另外，由于量子纠错需要连续不断的处于态的量子比特，因此在计算过程中需要不断地将计算完成的量子比特初始化；

---

① DiVincenzo D P. The physical implementation of quantum computation. Fortschritte der Physik: Progress of Physics, 2000, 48（9-11）：771-783.

3. 要有足够长的退相干时间，来保证量子逻辑门的操作；

4. 要能够实现通用量子逻辑门，这是 5 项标准的核心；

5. 能够对量子比特进行特殊测量，也就是我们必须能够读出计算结果。

随着操控量子系统的实验技术不断进步，量子计算已经成为各国政府以及大型科技企业角逐的焦点。美国、欧盟、中国、英国等纷纷发布量子信息战略规划，谷歌、IBM、微软、阿里巴巴、华为等一众大型科技企业也纷纷抢滩布局。在这样的背景下，美国加州理工学院的普瑞斯基尔（John Preskill）在布鲁塞尔举行的第 25 次索尔维会议上，发表了一个题为 "Quantum computing and the entanglement frontier"（量子纠缠与量子计算）的主旨演讲，[①] 提出了学界都在思考的问题："如果我们可以完全实现操控复杂的量子系统，那么会有怎样的结果？"我们都知道宏观世界是经典的，微观世界是量子的。经典系统无法有效模拟量子系统，这一描述，虽然我们无法在数学和实验上证明，但是已经被学界普遍接受，我们有理由相信其正确性。那么，这便会导致量子计算机终有一天将远远超越经典计算机。普瑞斯基尔将其描述为"量子霸权"（quantum supremacy），他说："我们希望可以加快进度争取早日进入量子霸权的时代，实现可控的量子系统完成经典数字计算机所不能完成的任务。"随后，谷歌公司等组成的一个联合团队对这一概念做了进一步的描述："如果一个计算任务可以被现存的量子器件所解决，但是这一计算任务没法在一个合理的时间内使用任何一个现存的超级经典计算机运用任何一个已知的算法来完成，那么可以说实现了量子霸权。"[②]

"量子霸权"的实现路径及其意义

"量子霸权"概念提出后，各国科学家们为了抢占这一科学制高点，提出了很多种实验和理论方案。MIT 的哈罗（Aram Harrow）等人在 2017 年列出五条实现"量子霸权"的条件：[③]

1. 这个计算任务必须定义明确；

2. 对应该计算任务，要有一个合理的量子算法；

① Preskill J. Quantum computing and the entanglement frontier. arXiv: 1203.5813, 2012.

② Boixo S, Isakov S V, Smelyanskiy V N, et al. Characterizing quantum supremacy in near-term devices. Nature Physics, 2018, 14（6）: 595-600.

③ Harrow A W, Montanaro A. Quantum computational supremacy. Nature, 2017, 549（7671）: 203-209.

3. 对于经典计算机可以满足的时间和空间；

4. 计算复杂性理论基础假设（经典无法模拟量子的假设）成立；

5. 计算结果可以得到验证。

这五个条件为量子霸权的实现指明了方向。依据这五条标准，笔者列举几个理论方案。肖尔算法是量子计算机最具应用前景的算法，而且其结果很容易被证实，理应是实现"量子霸权"的一个最优选项。但是，到目前为止最好的估计告诉我们，如果想要分解一个 2048 位的大整数，需要数千个纠缠的量子比特，对于目前的技术来说，这很难在一个较短的时间内实现。

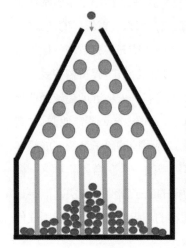

◎高尔顿钉板（左）和谷歌 Sycamore 量子处理器（右）

目前，有希望近期实现的实验方案可以分为两类：一类是有较强的计算复杂性理论支撑，但是物理实现并不明确；另一类是短期内物理实现较容易，但是理论证明并不明确。近期比较热门的一个实验方案"玻色采样"，就属于第一类。玻色采样的理论方案最早由 MIT 的理论计算机科学家阿伦森（Scott Aaronson）等人在 2011 年提出。[1] 玻色采样是指对从一个复杂干涉网络输出的玻色子的态空间进行采样，类似于经典世界的高尔顿钉板。玻色采样所需的物理资源仅仅是不可识别的玻色子（光子）、线性演化以及测量。其中玻色子类似于高尔顿钉板中的小

① Aaronson S, Arkhipov A. The computational complexity of linear optics//Proceedings of the forty-third annual ACM symposium on Theory of computing. 2011: 333-342.

球，线性演化类似于小球经过钉板的过程。但是，以光量子计算方案为基础的玻色采样面临光子制备和探测效率低的实验技术难题。不过，最新实验研究表明玻色采样即将逼近"量子霸权"，中国科技大学潘建伟团队利用自主研发的高品质单光子源，实现了 20 光子输入 60×60 模式干涉线路的玻色采样量子计算，[①] 美国物理学会 Physics 网站以"玻色采样量子计算逼近里程碑"为题对该成果做了精选报道。另一类实验方案是由谷歌主导的随机线路采样，该方案得益于高品质超导量子比特的快速发展。随机线路采样是对随机量子线路的输出分布进行采样。谷歌最近利用一个名为 Sycamore 的 53 个量子比特的可编程超导量子处理器实现了"量子霸权"。[②] 该处理器在 200 秒内实现了 100 万次的量子线路随机采样，而这样的计算任务，如果交由目前最先进的经典超级计算机则需要 10000 年。不过这个结果很快遭到 IBM 研究人员的质疑，并且很快在预印本网站 arXiv 上刊出了他们的成果，[③] 文章中指出，利用他们的方法，经典超级计算机可以在 2.5 天内以更高的保真度完成相同的计算任务。那么按照这个结果，我们距离"量子霸权"还很远。

这些实验方案不同于通用量子计算机，其所能完成的计算任务更加直接具体，是实现通用量子计算机的中间产物。但是，由于这些方案需要更少的物理资源（相比实现通用量子计算机而言），为实现"量子霸权"提供了一条捷径。不过，这些计算任务对于社会发展并没有实质用处，那么，实现"量子霸权"究竟有多大意义？量子力学重新定义了信息和计算，对哲学以及实际应用都带来了巨大的启发意义。"量子霸权"实验可以类比贝尔实验。贝尔实验已经无漏洞地反驳了定域隐变量模型，[④] 而"量子霸权"实验将驳倒"拓展的丘奇－图灵论题"，[⑤] 其表述为：

① Wang H, Qin J, Ding X, et al. Boson Sampling with 20 Input Photons and a 60-Mode Interferometer in a 1014-Dimensional Hilbert Space. Physical review letters, 2019, 123（25）: 250503.

② Arute F, Arya K, Babbush R, et al. Quantum supremacy using a programmable superconducting processor. Nature, 2019, 574（7779）: 505-510.

③ Edwin Pednault, John A. Gunnels, Giacomo Nannicini, Lior Horesh, and RobertWisnieff. Leveraging Secondary Storage to Simulate Deep 54-qubit Sycamore Circuits. arXiv: 1910. 09534v2, 2019.

④ Hensen B, Bernien H, Dréau A E, et al. Loophole-free Bell inequality violation using electron spins separated by 1.3 kilometres. Nature, 2015, 526（7575）: 682-686.

⑤ Bernstein E, Vazirani U. Quantum complexity theory//Proc 25th Ann Symp On Theory of Computing. https://doi.org/10.1145/167088.167097.

经典计算机可以在多项式时间内有效模拟任何物理过程。"量子霸权"将提供一个令人信服的证据证明经典计算模型无法模拟纠缠，更无法获得量子计算的计算能力。量子霸权对于完善基础量子理论也至关重要，因为到目前为止量子力学是唯一改变计算模型的物理理论。另一方面，实现"量子霸权"将极大增强我们对实现大规模可扩展的通用量子计算机的信心。

量子炒作

随着量子计算研究的不断深入，量子计算发展的驱动力得到了进一步的扩充，从最初的量子模拟物理到破解通信密码再到现在量子人工智能。虽然量子计算仍然还是一项极不成熟的技术，但是由于量子计算巨大的潜在应用价值，使其成为整个学术界、产业界乃至政府关注和研究的热点。量子计算正处在研究成果爆发式增长的阶段，随之而来的是整个国际社会对于量子计算的过分炒作，MIT 的理论物理学家劳埃德（Seth Lloyd）说道："整个量子计算领域现在正走向疯狂。""量子霸权"这一概念的提出加剧了媒体与科技公司对量子技术的炒作，其提出者普瑞斯基尔最近也因此开始反思这个概念是否合适。近年来，谷歌、IBM、英特尔等公司纷纷对外宣称成功开发出了大数量（72、50、49）量子比特量子计算原型机。然而，这并不是真正意义上的量子计算机，因为这些量子比特并没形成纠缠态，也就不会有量子计算强大的并行运算能力。另一方面，实现量子计算的关键参数不仅仅是量子比特数目，还有系统的保真度。随着量子比特数目的增加，量子计算的保真度也会急剧降低，导致错误率很高。IBM 人工智能和 IBM Q 研究副总裁吉尔（Dario Gil）表示："量子比特数量增加只是一个方面，你处理的量子比特越多，量子比特之间纠缠的交互作用就会越复杂。如果你有更多的量子比特，但它们相互联系时会有很高的错误率，那么它们不见得比错误率较低的 5 量子比特的机器强大。"与严谨的学术论文不同，IBM、谷歌、英特尔等公司发布这类新闻不需要经过任何测试和同行评议，很大程度上是一种商业行为。因此，也就不用奇怪为什么到目前为止仅仅只有谷歌在近期才宣布实现了"量子霸权"。

量子计算 VS 经典计算

虽然量子计算实验近几年来惊喜不断，发展迅速，不过更加耐人寻味的是量子计算复杂性理论。在经过了 25 年对于量子计算复杂性理论的艰辛探索，2018 年，普林斯顿大学计算机科学家拉茨（Ran Raz）和其学生塔尔（Avishay Tal）终于在理论上证明了量子计算在解决"关系问题"（Forrelation）时拥有经典计算无法比拟的计算能力。① 关系问题就是解决类似"证明两个随机数字序列生成器所产生的数列相互独立，还是以某种形式相互关联"的问题，由阿伦森最早在 2009 年提出，关系问题可以作为证明量子计算的计算能力的一个候选问题，但是当时阿伦森仅仅证明了关系问题属于 BQP（量子计算机可以有效解决的问题），却无法证明该问题不属于 PH（经典计算机可以有效解决的问题），这是最重要也是最难的一步。拉茨和塔尔在论文发表的四年前就已经接近这一结论，但是二人始终无法证明最关键的一个问题，直到论文发表前一个月，二人受一篇伪随机数产生器论文的启发，② 终于证明了最关键的一步。这一成果为量子计算提供了一个强有力的证据，表明量子计算拥有经典计算机无法比拟的计算能力（至少在某一些领域）。

然而，就在学者们为这一结果欣喜若狂的时候，来自美国得克萨斯大学奥斯汀分校的 18 岁华裔少女尤因·唐（Ewin Tang），泼了一盆凉水。尤因在其本科毕业设计中提出了一个可以媲美量子算法的经典算法，③ 其指导教师正是阿伦森。阿伦森曾在 MIT 任教 9 年，于 2016 年秋天加入得克萨斯大学奥斯汀分校任量子信息中心主任。2016 年，新加坡的两位科学家提出了一个高效的量子推荐学习算法（KP 算法），此算法可以应用到为消费者提供产品推荐，被普遍认为是在机器学习方面最具说服力的量子指数加速的例证。④ 不过，这两位科学家仅仅证明该量子算法可以实现所有已知的经典算法的指数加速，并没有证明不存在类似加速的经典算法。从 2017 年秋天开始，尤因在阿伦森指导下，试图证明经典算法无法提供这样的加速。但是经过几个月的努力，尤因并没有找到相关证据，相反，她开始考虑是否确实存在这样的经典算法。尤因发现 KP 算法利用了量子相位估计，而对于经典算法可以不需要相位估计，通过用户偏好矩阵的一个微小子矩阵的随机采样就可以实现类似的加速效应。随后尤因参加了在伯克利举行的一个量子计算会议，将自己的成果向在座专家进行了汇报（其中包括 KP 算法的提出者），经过近四个小时的

---

① Raz R, Tal A. Oracle separation of BQP and PH. Electronic Colloquium on Computational Complexity, 2018, 107.

② Chattopadhyay E, Hatami P, Hosseini K, Lovett S. Pseudorandom generators from polarizing random walks. Electronic Colloquium on Computational Complexity（ECCC）, 2018, 25: 15.

③ Tang E. A quantum-inspired classical algorithm for recommendation systems. arXiv: 1807.04271, 2018.

④ Kerenidis I, Prakash A. Quantum gradient descent for linear systems and least squares. arXiv:1801. 00862v3, 2017.

讨论，与会专家一致认为尤因的经典算法是正确的。于是，佐治亚理工学院的计算机科学家福特诺（Lance Fortnow）发出感叹："量子计算复杂性理论真是一个摇摆的世界。"

◎尤因·唐（左）和她的本科论文导师阿伦森（右）

　　这个结果看似是技术的退步或者经典算法的胜利，但是从另一个意义上讲，这也是技术的进步或者是量子算法研究的成功，因为如果没有"KP 量子算法"的启发，尤因也不会获得经典算法的灵感。尤因的研究成果为量子算法和经典算法的相互影响提供了依据，也将为之后的加速经典算法提供借鉴。我们可以预期未来还会有更多的经典加速算法出现，但是不论量子计算是否确实存在相对于经典计算的计算优势，量子计算都是值得人类去实现的目标。它代表着人类掌控量子、驾驭自然的能力，不过它并不是通往未来的唯一途径。

　　目前，量子计算还处在理论发展和实验验证阶段，其发展前景还存在太多的不确定性。无论从理论上还是从工程技术上讲，量子计算都还是一项极不成熟的技术，真正的量子计算机，不仅仅是包含量子计算，还需要更多的技术支撑，比如，量子存储、量子通信、量子程序设计等等。目前距离实用的量子计算机还有很长的路要走，一方面，实验量子计算还存在很多不可逾越的技术障碍，目前的实验系统，普遍面临纠缠量子比特数少、相干时间短、出错率高等诸多挑战；另一方面，量子计算机相对于经典计算机的优势还有待进一步确认。量子计算机虽然被人类寄予了厚望，但是其能否取代经典计算机，现在下结论还为时过早，因为，就目前来讲，经典无法有效模拟量子系统这一描述仅仅是学界的共识，并没有完全证明。量子计算的计算模型和思路同样可以应用到经典计算中，经典计算的计算能力还有待进一步开发，研究者们对于经典计算仍然充满期待。虽然谷歌宣布实现了"量子霸权"，但是这样的"量子霸权"可能只是暂时的，不排除会有加速经典算法的出现。IBM 公司也对谷歌的"量子霸权"提出了质疑，并且 IBM 并不提倡使用"量子霸权"这一概念，实际上"量子霸权"更像是谷歌公司炒作自身的工具。因此，笔者认为未来的很长时间内，经典计算机和量子计算机将会共存，各自负责不同的计算领域，今后的计算机极有可能同时包含经典和量子两部分，各自处理自身优势的计算任务。

四、如何更加精确地计时

时间的记录对人类的生产生活起着至关重要的作用，计时方式的发展也贯穿了人类的历史。随着工业革命的进行以及 20 世纪初科学技术的进步，石英钟在 1928 年诞生。虽然它依靠低成本易携带的特点以及前所未有的精确度在日后很长一段时间成为人类社会计时的主力，但面对未来全球 GPS 导航系统的构建、相对论的验证等对计时精度要求极高的工作还是无法胜任的。石英钟的基本原理就决定了它的发展上限，它依靠石英晶体的物理振动来计时，这和历史上其他计时工具相同，都依靠于宏观的物理现象当作节拍器，这种方式缺少了在地球上任何位置独立的再现性，以及对时间与地点的不变性。当面对不同的重力加速度、温度等环境差异时，这些传统的计时方式就会出现很大的误差。随着原子理论与量子力学的发展，人们意识到以原子为基础建立的时钟或许可以避免传统计时工具所面临的问题。19 世纪时，在人们发现一些化学元素的所有原子基本完全相同后，几位极具先见的科学家很快就预见利用原子确定基本时间单位以及进行计时的可行性。1873 年，麦克斯韦在他的论文（A Treatise of Electricity and Magnetism）中讨论了长度和时间的基本单位：我们可以假设的最基本的长度单位是某种特定光在真空中的波长，这种光是由一些常见的物质（如钠）发出的，在其光谱中有明确的谱线。这样一个标准将独立于地球维度的任何变化。开尔文在得到了麦克斯韦的建议后指出，天然的标准物质，如氢原子或钠原子不论处在宇宙的任何位置，其发出的光在真空中传播时电磁波振动的频率是相同的，以波长为长度单位的特定光的振动周期可以作为一个更普遍的时间单位。在这种思想的引导下，开尔文于 1879 年首次公开提出利用原子来估算时间的概念。

在开尔文发表其观点五十多年后，哥伦比亚大学的物理学家拉比发明了磁共振技术，这项技术使得对原子能级跃迁所发出的电磁波频率的测量成为可能，给原子钟的发明带来了技术基础，因此他还获得了 1944 年的诺贝尔物理学奖。1940 年，拉比利用磁共振技术首次测出了铯原子某一超精细能级跃迁辐射出电磁波的振荡频率约为 9191.4 兆赫兹，其振荡频率是如此之高，而且十分稳定，这进一步让人们意识到以原子能级跃迁发射出电磁波的频率作为原子钟节拍器的优越性。1945 年，拉比在里希特迈尔所作的演讲中首次公开发表了他对原子钟的设想。

微波计时时代

1948 年到 1949 年期间，依靠于拉比的磁共振技术，美国国家标准局 (NBS，现在是 NIST) 成功研制了世界上第一台完整的原子钟，该钟利用氨分子的吸收谱线来校准石英晶体振荡器，虽然其精确性还没有现代的石英钟高，但它成功验证了开尔文的设想。

在 1948 年的春天，第一个氨吸收钟的组装还在如火如荼地进行着，又一项关于原子钟开发的项目被 NBS 批准了，其中包含了对开发其他种类分子吸收钟的呼吁，最重要的是，它还包括了研制铯原子束钟的计划。里昂（Harold Lyons）是该项目的主要负责人，他能力十分出众，但由于没有受过原子钟方面的教育，他只好去哥伦比亚求教拉比和他的同事。在 1948 年年底该原子钟的设计概念被确定了，并在 1949 年美国物理学会的春季会议上举行的原子频率和时间标准研讨会上进行了细致的描述。原子的种类被确定为铯原子。相比于其他原子，铯原子有着绝对的优势。首先，自然状态下，铯仅以一种同位素形式存在，即 Cs133，所以在研究自然界中提纯的铯时完全不必考虑其他同位素的干扰。其次，铯处于元素周期表的第一主族，也就是说铯还是一种碱金属元素，而碱原子束是最容易被探测到的，这可以降低一些技术上的难度。除了这些以外，拉比还在他的实验室中对所有碱原子的超精细跃迁的频率进行了测量，结果显示铯原子的 9191.4 兆赫兹是碱金属原子中最高的。而谐振器的稳定性与超精细跃迁频率成正比，这就意味着铯原子可以以最高的跃迁频率保证最高的稳定性。在后来的研究中，铷（Rb86）和氢原子也被应用到了原子钟中，它们各有各的优点与缺点，没有一个能完全代替另一个。铷钟体积相对更小，重量也更轻，短期使用中频率性能好；氢钟短期频率的稳定性更好，但体积庞大。

经过几个月的准备，NBS-1 的组装在 1949 年的夏天开始了，大约两年后，该装置终于在 1951 年的夏天完成了组装。次年，NBS 利用该装置完成了对铯原子共振频率更精确的测量。将一束处于某一超精细能级的铯原子穿过振荡电磁场，电磁场的振荡频率越是接近铯原子的超精细跃迁频率时吸收电磁场能量并发生超精细跃迁的原子就越多，利用一个反馈回路便可将电磁场的振荡频率调至与铯原子超精细能级跃迁频率相同，即该束铯原子几乎全部发生跃迁时，此时利用该电磁场的振荡频率便可作为时钟的节拍器。除了 NBS 外，NPL（英国国家物理实验室）在同时期也宣布要以原子共振研究为基础确定原子时间标准。NPL 是英国历史悠久的计量基准研究中心，也是英国最大的应用物理研究组织。埃森（Louis Essen）与帕里（Jack Parry）是该实验室原子钟项目的领导者，他们借助拉比的想法，于 1955 年制出了世界上第一个定期用于校准次级工作的频率标准设备。尽管有人称之为世界上第一台精确的铯原子钟，但严格意义上该设备并不算时钟，因为它不是连续运作的，而是定期运作来校准一台外部的石英钟。在这些装置研制成功后的不久，商业化原子钟很快就出现了。扎克（Jerrold Zacharias）是一个在原子束研究方面拥有将近 20 年的经验的物理学家，他领导的团队从 1954 年开始研究，到 1956 年时制成了名为"Atomichron"的铯钟。该钟不同于 NPL 设备大到往往需要占满一整个房间的笨拙，它体积很小，易于携带。在接下来的 4 年里，该钟卖出了 50 个。

这些超精密时钟的出现使一秒钟的定义变得极为精确。1660 年，伦敦皇家学会提出利用"秒摆"来定义一秒的长：在地球表面，将一个小球系在一根长约为 1m 的细线上组成一个"秒摆"，其摆动一个周期约为 2s，取其半周期便为 1 秒。19 世纪末，1 秒又被定义为平均太阳日的 86400 分之一，但是由于太阳日的长度是有变化的，用它来定义时间单位是不够准确的。于是在 1960 年，人们为了避免太阳日变化带来的不准确性，将 1 秒定义为 1900 年的太阳年的 31556925.9747 分之一。这种以地球公转为基础来定义的 1 秒被称为"历书秒"，86400 历书秒为 1 历书年。到了 20 世纪，随着人类对原子结构的进一步了解以及原子钟的横空出世，1967 年的第十三届国际计量大会终于精确地定义了 1 秒的长度，即铯 -133 原子基态的两个超精细能级之间的超精细跃迁辐射出电磁波振荡周期的 9192631770 倍，这就是原子秒。

NBS-1 的精确度已经达到了大约 10 的负 10 次分之一，也就是说该装置持续

◎埃森与帕里和他们的原子钟

运行 300 年才会出现 1 秒的误差。在此之后，NBS 没有停下脚步，之后推出的 NBS–2 与 NBS–3 的精确度进一步提高，并在 20 世纪 60 年代末成为美国国家频率标准。通过技术上的不断革新，1975 年问世的 NBS–6 的精确度就已经将近是 NBS–1 的 1000 倍了，也就是每 300000 年才发生 1 秒的误差。原子钟的准确性与稳定性几乎每五年提高一个量级，但这些钟的基本原理都是相同的，它们都被称为"热钟"，这是因为它们都是在室温下工作的。虽然室温对于我们来说不一定算是"热"，但对于原子来说却是相当高的。尤其是与冷原子做对比时，传统的"热钟"在 20 世纪 90 年代中期就基本达到了极限。在室温下，铯原子的分子热运动是十分剧烈的，往往可以达到几百米 1 秒钟，这种剧烈的运动给测量带来了极大的误差，更准确地说，铯原子的运动会改变原子发生能级转换时吸收或辐射的微波辐射频率。科学家们在寻求进一步减少原子钟所受干扰和误差的来源时注意到了温度的重要性。但经过早期的理论实验研究，人们发现即使将原子的温度降低到零下 270 摄氏度，有些原子或分子的速度还是会达到几十米每秒，只有在接近绝对零度，也就是接近 –273.15 摄氏度时原子的运动速度才会出现大幅度的下降。随着激光冷却技术的出现，这一问题才得以解决，冷原子钟也因此问世。

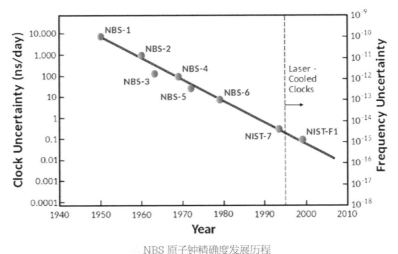

NBS 原子钟精确度发展历程

　　原子喷泉技术也是原子钟进步的关键之一。早在 1954 年，扎克就提出了原子喷泉的概念，他的想法虽然十分巧妙，但受限于当时技术的原因未能成功。激光冷却技术的诞生使之成为可能，原子喷泉的方案也再次引起了人们的注意。终于在 1989 年，美国斯坦福大学朱棣文领导的一个研究小组首次实现了激光冷却的钠原子喷泉。他们先利用六束两两相交的激光对射钠原子，使钠原子冷却到 μk 量级，形成光学黏胶，然后再增加垂直于水平面向上的激光束的频率并减少与之对射激光束的频率以此来使冷原子获得向上的加速度，从而将冷原子像喷泉中的水一样上抛最后在重力的作用下回落。在上升过程中，原子会经过一个微波腔并在其中吸收能量被激发，下落过程中会再次经过微波腔把吸收的能量释放出去。能级改变的原子会在回落过程中经探测光照射而发出荧光信号。对这种荧光信号进行测量便可测得原子的跃迁频率。原子喷泉的实现使得原子与微波的相互作用时间大大加强，从几毫秒提升到了约 1 秒钟，更长的观测时间自然带来了更加精确的频率标准。两年后，法国巴黎天文台的 Clairon 领导的研究小组成功实现了铯原子喷泉，该装置被称作 FO1。1995 年，FO1 在经过 4 年的改进后成为可实际运行的原子喷泉标频。

　　原子喷泉技术并不能完全屏蔽重力的影响，重力还是很大程度地影响着原子钟的精度，而在地球轨道上运行的原子可以长时间处在微重力环境下做超慢速的匀速直线运动，从而使微波腔与超冷原子的作用时间提高两个数量级。目前，我国在

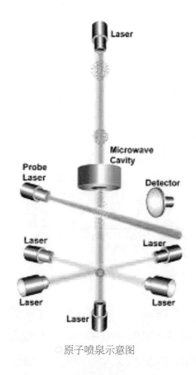

原子喷泉示意图

深空冷原子钟的研制上走在了世界最前列。我国的深空原子钟研制计划于 2005 年开始，经过十几年的努力终于在 2016 年 9 月 25 日被天宫二号顺利带上了地球的轨道，目前为止一直稳定地运行。来自上海光机所的研究团队荣获了 2020 年度中国科学院杰出科技成就奖，同时在国际上也获得了极大的认可。《科学》杂志封面上写道："中国的空间冷原子钟开始滴答作响，人类地球的计时精度将会变得更加精确。"该钟的性能达到了每 3000 万年才差一秒，将微波钟的性能发挥到了极致，但该钟毕竟还是微波钟，它的性能和地面上的光钟还是有很大的差距，其主要意义不在于突破人类计时精度的纪录，而在于校准卫星上的其他原子钟。地球上的钟即使有着更高的精度，也可能会因为大气层、云层以及电离层的影响而无法精准地同步校准卫星上的原子钟。

◎中国深空冷原子钟及其工作方式

光频计时时代

随着 20 世纪 90 年代超短脉冲技术与锁模技术的发展，光学频率梳技术得以诞生。美国科学家约翰·霍尔（John Hall）和德国科学家特奥多尔·亨施（Theodor W. Hänsch），因为他们对光学频率梳技术的贡献而获得了 2005 年的诺贝尔物理学奖。光学频率梳技术为人类在光学领域的研究带来了巨大的飞跃。霍尔等人在《科学美国人》杂志上发表的一篇文章中写道："光学频率梳将使新一代更精确的原子钟、超灵敏的化学探测器和使用激光控制化学反应的方法成为可能。"的确，光频梳为后来的光钟的发明提供了必要的技术条件。光钟的工作依赖于对光频率的测量，而人类只有可以直接测量微波的仪器，虽然科学家们提出了频率链的特殊方法来测得光频，但该方法往往需要一整个实验室的仪器与众多研究人员同时工作才能进行，且测量精度也不高。如此复杂的测量方式使得光钟难以实现，而光频梳就像一把每个刻度都是不同频率的尺子一样帮助科学家精确且简易地测量了光的频率，改变了这种窘境。

◎光学频率梳

光学原子钟不同于普通原子钟利用微波频率来计时，而是用光的振动频率，是基于原子吸收谱线的激光频率标准的。原子钟的稳定性与其发射电磁波的频率成正比，光波段大约在 1014~1015Hz 之间，而传统微波原子钟辐射的微波波段一般在 109~1010Hz 之间，这大约是十万倍的差距！最早的光钟概念是在 1975 年由美国华盛顿大学的汉斯·格奥尔格·德默尔特（Hans Georg Dehmelt）提出的。但由于光钟和喷泉钟一样依赖于激光冷却和原子囚禁的技术，并且还要有光频梳技术的应用，所以世界上第一个光钟直到 2000 年才由 NIST 的瓦恩兰小组研制出来。该钟是一种基于对汞离子的冷却和囚禁的离子光钟，其精度已经超过了最好的微波原子钟。这种离子囚禁钟利用磁场与电场对离子的相互作用形成离子阱，这种离子阱会将离子牢牢地囚禁在一片超高真空区域中，使得该离子与外界环境孤立并获得了对该原子更长的观测时间。近几年里，更多种囚禁不同离子的光钟被世界各地的实验室开发出来。不同离子的冷却与探测所需的激光波长不同，对外部干扰的敏感性也不同，所以性能也参差不齐。目前为止，由 NIST 开发的铝离子光钟是世界上最精确的离子囚禁钟，同时也是世界上最准确的钟。2019 年，NIST 向我们展示了该钟的不确定度达到了惊人的 9.5×10 的负 19 次，意味着每 330 亿年才会有 1 秒的误差。很难想象，即使该钟从宇宙大爆炸那一刻起就开始计时，到今天误差也不会超过 1 秒。

光钟目前有两大类，其中一类就是上述的离子光钟，还有一类是被称为"光晶格钟"的光钟。由于离子带有电荷，多个离子同时囚禁时会由于电荷力的影响互相排斥从而降低精确度。而光晶格钟所囚禁的粒子都是中性原子，不需要考虑静电排斥的存在，每个晶格都可以囚禁上千个原子，大量原子的囚禁在一定程度比单个离子的囚禁具有更高的稳定度。光晶格钟的原理可以类比成放在鸡蛋盒里的鸡蛋，其中鸡蛋就是被囚禁的原子，而鸡蛋盒就是光晶格。日本的香取秀俊（Hidetoshi Katori）在 2003 年利用锶原子成功研制了世界上第一个光晶格钟。而由克里斯·奥茨（Chris Oates）和莱奥·霍尔伯格（Leo Hollberg）领导的 NIST 小组在 2006 年开发了第一个基于镱原子的光晶格钟。目前基于镱原子和锶原子的光晶格钟性能最出众，它们都可以达到上百亿年才差 1 秒的精确度。光晶格钟除了出众的计时能力，它还可以帮助科学家模拟复杂的量子过程，有朝一日也可能对量子计算机的进步起到一定作用。

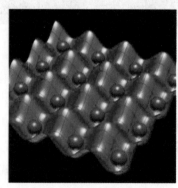

© 光晶格示意图

原子钟与相对论

原子钟的出现还成功地将量子力学与相对论结合到了一起，以量子力学为基础设计的原子钟在一定条件下验证了相对论，验证的准确度也在不断提升。1959 年，哈佛大学利用当时最精确的原子钟进行了对相对论的验证。他们将一台原子钟放在物理楼的一层，另一个放在物理楼的顶层，经过一段时间后得到了爱因斯坦所预测的结果：在顶楼的原子钟由于重力场的不同，时间要过得比一楼的快一些。1971 年，著名的 Hafele–Keating 实验首次利用原子钟对狭义相对论进行了验证。物理学家 Joseph C. Hafele 和天文学家 Richard E. Keating 准备了四个精度极高的铯原子钟，他们一次乘坐飞机向东，一次向西，最后再与地面上的美国海军天文台的原子钟做对比。根据狭义相对论的理论预测，向东飞的那一组将会损失 40 ± 23 纳秒，与自转方向相反的原子钟则应该损失 275 ± 21 纳秒。而最后实验结果则为 59 ± 10 纳秒与 273 ± 7 纳秒，实验结果再次与理论吻合。随着原子钟技术的发展，人类对于相对论的验证精度也在不断提高，到了 2022 年初，叶军和它的团队利用最新一代的原子钟在 1 毫米的高度差之间验证了广义相对论，他们的原子钟洞察到了惊人的一千亿亿分之一秒，相关成果也登上了《自然》的封面。

❀ nature 期刊封面

五、量子模拟窥探宇宙奥秘

　　下文笔者介绍几个冷原子的重要应用。

　　冷原子系统可以作为量子信息技术发展的理想材料。冷原子的能级可以作为可靠的量子比特，其相干时间可以到秒量级甚至更长。纠缠的量子逻辑门可以通过原子之间的相互作用来实现，原子量子比特的初始化可以通过光泵浦来实现，量子比特的测量可以通过近乎 100% 高效的光学荧光检测来实现。冷原子系统成为理想的存储介质，非常适合进行量子信息存储和量子操控的实验研究。

　　超冷原子系统是一个高度可控的实验系统。利用这一特性，超冷原子系统可以实现模拟多体系统的相互作用，为研究凝聚态物理中量子行为开辟了一条新的道路。在固态材料中，其内部属性已经完全由材料本身刚性结构所固定，无法调控，而在冷原子实验中，可以根据实验需求改变势阱维度、光场参数配置、原子气体数目与温度、磁场强度等参数来精准调控"材料内部参数"，从而改变"材料"属性。这就是量子模拟，这个概念最早由美国物理学家、诺贝尔物理学奖得主费曼在

1982 年提出。为了应对经典计算机无法精确模拟量子系统的困境，费曼提出利用一个可控的量子设备来模拟其他系统的量子行为，这一开创性的想法是量子计算机发展的最初的驱动力，也启迪了研究冷原子的科学家们。

超冷原子量子模拟实验中，有三个重要的实验技术：

1. 费希巴赫共振（Feshbach resonance）。费希巴赫共振得益于光阱的发展，光阱囚禁使得冷原子可以脱离磁场的束缚。费希巴赫共振提供了一个利用调节外部磁场来实现原子之间相互作用强度调控的方法。通过调节费米子之间相互作用强度，可以实现连续的从 BEC 超流向 BCS（Bardeen–Cooper–Schrieffer）超流的转变，为研究 BEC 和 BCS 交叉区域提供了可能。该技术还可扩展到模拟黑洞、控制孤立子的产生、拓扑超流等领域。

2. 光晶格技术。光晶格技术利用相互重叠的激光干涉来获得一个周期性势阱。在典型的凝聚态系统中，电子可以看成在原子核产生的晶格中运动，我们可以在超冷原子系统中利用光晶格技术来模拟这样的系统。石墨烯以其超强的导电性、强度以及透光性，在很多方面具有重要的应用前景，被公认为未来最具革命性的材料。利用光晶格技术可以在超冷原子气体中成功模拟出石墨烯中的关键结构——狄拉克点。狄拉克点是凝聚态物理中许多新奇现象的核心，比如石墨烯中的无质量电子以及拓扑绝缘态中的导电边界态。

3. 人造规范场。人造规范场突破了超冷原子是电中性的这一限制，因为很多物理现象都与电场中带电粒子的洛伦兹力相关。利用超冷原子来制造人造规范场有两种方法：一种是利用旋转中性超冷气体来等效处理洛伦兹力和科里奥利力，来实现人造规范场；另一种是利用光学耦合原子内态而产生人造规范场。前一种由于一些技术限制无法产生较大的人造磁场，从而无法达到量子霍尔效应区域，而光学人造规范场可以突破这一限制，因此近年来发展迅速。光学人造规范场的一个最好例证就是自旋轨道耦合（原子自旋和动量的耦合），学者们相继实现了 BEC 以及 DFG 的自旋轨道耦合。自旋轨道耦合在物理系统中是一个普遍存在的物理现象。在凝聚态物理中，自旋轨道耦合来源于电子在原子本身固有电场中的运动，是自旋霍尔效应、拓扑绝缘态、拓扑超导体、马约拉纳费米子、自旋电子学等研究的核心内容，并且可以推广到量子计算。

宇宙有浩如烟海的星海和近乎无限长的寿命。相比宇宙的尺度和寿命，人类生存的地球仅仅是沧海一粟，其文明也仅有短短几千年历史。但是，人类从诞生那一刻起，从未停止通过各种可能的方式去探寻宇宙的奥秘，并且取得了一个又一个瞩目的成就。然而，在宇宙数不胜数的奥秘中，这些仅仅是冰山一角，还有太多令人着迷的研究领域亟待我们去探寻，比如大统一理论、宇宙起源、黑洞、规范理论、霍金辐射等等。本文将展示量子模拟如何帮助人类在实验室中发现另一个"宇宙"。

实验室中探索"宇宙"的三种方案

早期，人类探寻宇宙的方式只能局限于天文观察和理论计算，想进一步研究更深入的问题，只靠观察、记录和理论计算是远远不够的。随着技术不断进步，目前人类已经可以在实验室中对宇宙进行研究，并且逐渐发展出三种方案：大型对撞机方案、量子计算机的数字模拟方案以及非数字形式的量子模拟方案。

◎欧洲大型强子对撞机分布的俯瞰图

◎对撞机内部

大型对撞机方案　从牛顿时代开始，一代代物理学家为了寻找能够完美描述自然世界的大统一理论，付出了巨大努力。物理学家发明了大型对撞机，期望利用加速器将粒子加速到接近光速再进行直接碰撞，以创造一个早期的宇宙环境。然而，这样一个直截了当的方法需要严苛的实验条件才能完成，所投入的人力物力也是非常高昂的。比如，欧洲核子研究组织（CERN）的大型强子对撞机（Large Hadron Collider，LHC），虽然观测到了上帝粒子——希格斯玻色子，但其背后的代价是数千位科学家经年累月的研究以及数百亿美元的投资。若要进一步探究量子场理论所预言的宇宙现象，需要投入更多的人力物力来建造更加庞大、更加高能的加速器才可能实现。

量子计算机的数字模拟方案　1981年，费曼在"计算物理第一次会议"上，发表了以"用计算机模拟物理学"为题的演讲，提出了一个令人印象深刻而又富有远见的观点："自然界不是经典的，如果你想模拟自然，那么我们最好将它量子化，天哪，这是一个多么奇妙的问题，因为它看起来并不容易。"自此之后，量子模拟研究开始真正步入正轨，这就是量子计算发展的开端。此后，量子计算的发展劲头势不可挡，取得了瞩目成就，表现在两方面：理论上，基于量子计算的并行性，发展了通用量子计算机模型、量子丘奇－图灵论题以及多个普遍被认为可以实现相对于经典计算指数级加速的量子算法，比如肖尔算法、格罗弗算法、量子机器学习算法等；实验上，能够分离单个微观粒子，操纵和控制其内部量子态，并且近乎完美地保真度检测它们。近年来，谷歌和中国科学技术大学潘建伟团队相继在超导线路和光量子系统中实现了一个里程碑式的进步——"量子霸权"（又称作"量子优越性"）。但是，就目前技术而言，量子计算机只能完成一些特定的计算任务，无法取代或超越经典计算机，真正实现实用的通用量子计算机仍是一个长期目标，需要对多体系统的完全控制，并且最终实现复杂的错误纠正机制来实现容错。量子计算机要实现实用的量子模拟，仍需要等待成熟的通用量子计算处理器问世。

非数字形式的量子模拟方案　人类利用现有的科技水平可以构建一种非数字形式的量子模拟器，解决一些标准数字技术不能完成的检验问题，其复杂度远低于量子计算机，并且无需考虑纠错问题。这样的过程不是数字计算过程，而更像是测量过程。在费曼看来，测量本身就是一种计算。当一个系统计算需要庞大的计算资源时，最佳方式就是让这个系统自由演化，并在适当时候进行测量，这样可以更加快捷精确地获得结果。比如，要计算篮球脱手后的飞行速度，与其费时费力收集数据进行计算，倒不如直接测量篮球的速度。费曼版本的通用数字量子计算机可以构建出非常宽泛的哈密顿量，理论上可以模拟任意的物理世界，应用更广泛，而非数字形式的量子模拟器只能构建出特定的一些哈密顿量，实现专门用途。但是，很重要的一点是，非数字形式的量子模拟器在技术上却更容易实现。这样的模拟实验并不为大众所熟知，其实从 20 世纪 80 年代起，就有科学家开始考虑并尝试在实验室中通过桌面级的实验模拟黑洞，如今，通过这种方式，已经实现了很多前沿宇宙学问题的研究。

以上三种方案中尤以第三种最容易实现。得益于材料科学、工程技术、单量子系统的隔离、操控以及测量等方面取得的巨大进步，人类已经可以利用像超冷原子、离子阱等高度可控的实验系统实现非数字形式的量子模拟实验，并且这样的实验已经广泛地应用于材料科学、量子化学、高能物理、天体物理等领域，利用"量子模拟器"来探索未知宇宙正在成为现实。乍一看,桌面级的实验系统和宇宙系统无论是在能量尺度,还是在长度和时间尺度都存在很大差别,那么如何才能实现模拟?核心要义就是要求模拟系统和被模拟系统具有极其相似的数学结构,用容易实现且高度可控的量子系统模拟另一个难以直接研究的复杂量子系统。

模拟黑洞

黑洞作为一种神秘而特别的天体,由于特殊的性质,一直以来就是学术界研究的热点。特别是一些重大成果的诞生,为黑洞的研究注入了新动力。比如,2015年,科学家首次成功观察到黑洞合并产生的引力波;2019年,事件视界望远镜首次拍摄到黑洞的照片;2020年,诺贝尔物理学奖首次授予对黑洞研究做出杰出贡献的三位科学家。尽管研究成果颇丰,但是目前对黑洞的了解仍然只是冰山一角。在研究黑洞的过程中,科学家遇到了有史以来最为棘手的问题:如何统一量子力学和相对论。量子力学和相对论是现代物理学中久经考验的两大支柱理论,然而想要统一它们却遇到了极大困难,这是当代物理学研究面临的最大挑战之一,一些涉及的相关理论包括霍金辐射、规范引力对偶以及黑洞信息悖论等,至今都无法得到验证。而这些内容的研究认识将极大提升人类对于弯曲时空中量子理论的理解,并对建立统一量子力学和相对论的大统一理论至关重要。因此,对黑洞的研究意义重大,是人类探索宇宙终极奥秘的必经之路。

哑洞

1974年,霍金提出了黑洞蒸发理论,也就是我们熟知的霍金辐射。由量子力学理论可知,真空实际上并不空,真空中的量子涨落会导致光子对(粒子及其对应的反粒子)不断生成和湮灭。在黑洞的事件视界附近,由于黑洞引力足够大,某一瞬间可能会将具有负能量的反粒子吸入黑洞,粒子则被辐射出去,从而产生霍金辐射。然而,该理论至今都无法得到直接的实验验证,因为该辐射实在太微弱了,甚至弱于宇宙的微波背景辐射。因此,想要直接观测困难重重,科学家只能试图寻找别的方式来进行研究。

1972年,加拿大不列颠哥伦比亚大学的物理学家昂鲁(W. G. Unruh)教授在牛津大学的一个讲座上,给在座的听众设想了一个有趣的场景:假设有条鱼掉进一个瀑布,瀑布水流的下落速度非常快,某些区域的速度甚至超过声速。如果这条鱼在超声速区域发出一声尖叫,由于水流下落速度超过声速,瀑布上面的同伴将永远听不到它的尖叫声。昂鲁进一步阐释:"这就像一个人如果掉入黑洞,那么处于

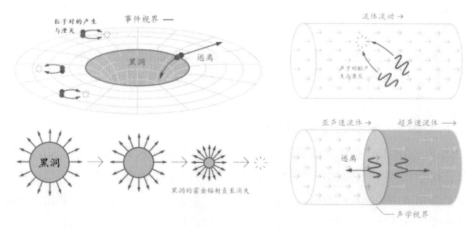

◎霍金辐射理论示意图（左上）、霍金辐射直至消失殆尽示意图（左下）和声学黑洞及其辐射示意图（右）

事件视界外面的人将再也看不到他。这里还可以想象另外一种情形，一条原先流速非常快的河流，在流向大海的过程中，流速逐渐变慢，那么大海中的鱼发出的叫声就永远无法进入流速高过声速的区域，这里的河流就类似没有东西可以进入的白洞。"白洞与黑洞正好相反，白洞会不断向外发射物质和能量，但是外部的物质和能量无法进入其中。这一有趣的思想实验正是昂鲁随后提出声学黑洞的思想基础。1981 年，他在理论上首先提出利用声学黑洞系统来模拟霍金辐射，当流体的速度超过声速后，流体中的声波将被囚禁在超音速区域，无法逃离，这就类似光波在黑洞中一样，形成"哑洞"。

在哑洞系统中，流体类似黑洞时空的几何结构，流体的亚声速和超声速的交界处就是声学视界。声学视界可以用与真实黑洞事件视界完全相同的方程来描述，展现出很多类似黑洞事件视界处的效应，如霍金辐射。昂鲁表示："如果你了解其中一个系统，那么你也将窥探到另一系统的奥秘。"在这一先驱性的想法提出后，科学家相继提出了很多种实验方案，并且进行了大量实验尝试。这些实验体系包括：水中的波浪、玻色 – 爱因斯坦凝聚（Bose–Einstein Condensates，BEC）中的声波、光纤中的光波等。不过，想要在实验室中利用模拟系统观察霍金辐射效应也绝非易事，接下来重点介绍两个发展较快的黑洞模拟实验方案：BEC 和光纤。

流体中的声波与时空中的光波属性极为相似。如果流体在空间或者时间维度是非均匀的，那么就能模拟弯曲的时空。更进一步，如流体是一个相干的量子系统（如 BEC），那么该模拟就能扩展到模拟量子场理论。这为在实验室中研究弯曲时空中量子场理论，如宇宙早期粒子的产生、霍金辐射、昂鲁效应（Unruh effect）和伪真空衰减等提供了可能。科学家为此提出利用 BEC 作为流体来进行实验。然而，具体实验方案面临的最大挑战就是如何获得稳定、低温的超声速凝聚态流体，因为作为超流体，BEC 的流速会被限制到朗道临界速度。2009 年，以色列理工学院的斯特恩豪尔（J.Steinhauer）团队克服了这一速度限制，首次在实验上获得稳定的超声速 BEC，并计算出霍金温度在 0.1 纳开尔文的量级。随后，斯特恩豪尔对实验系统进行改良，降低了系统噪声，提高了系统稳定性，进一步观察到一系列相关现象。2016 年，成功观测到哑洞的声子辐射，以及声学视界两侧成对声子的量子纠缠度随能量的降低而减弱，这与霍金的计算结果相吻合，证实了霍金辐射的量子属性。2019 年，更进一步发现哑洞的辐射谱与热辐射谱一致，并且通过表面重力获得体系的有效温度，其结果与霍金的理论预期完全吻合。这是霍金辐射理论获得的第一个实验证据，被新闻媒体广泛报道，但同时该实验结果也引发了科学界的更多争论。

一方面，如果实验结果是正确的，那么将引出另一个更重大的问题。根据霍金的理论计算，霍金辐射是一种随机的、不包含任何特征信息的行为，因此，随着霍金蒸发的不断进行，黑洞最终将消失殆尽，其所包含的信息也将随之消散，这就产生了黑洞信息悖论。但是，根据量子力学理论，宇宙中所有粒子包含的所有可能状态之间的变换都具有幺正性，换言之，就是可通过对现在宇宙状态的反演变换，窥探宇宙历史发展的所有信息，这就是量子力学的信息不灭论。量子力学的幺正性也使得量子计算具备了天然可逆性，从而避免经典计算机信息擦除带来的发热。如果霍金、昂鲁以及斯特恩豪尔等人的一系列理论和实验结果正确，那么将动摇量子力学理论的根基。

另一方面，学界对该模拟实验的讨论和质疑从未停息。爱因斯坦广义相对论所描述的黑洞事件视界处的时空是平滑且连续的，这也是霍金计算过程中的一个关键假设。但物理学家普遍认为，这只是一种近似，当把爱因斯坦的连续时空放到足够大时，时空的量子属性将显现。不过，霍金认为在其描述事件视界处的量子涨落时，可以忽略微观的物理细节。昂鲁发现，这种近似也同样可以应用到流体的声学视界，因为流体虽然是由一个个分立的原子组成，但是在大尺度下，其仍然可以近似为连续体。2005 年，他进一步发文说明，无论理论上如何处理流体或者时空微观尺度上的物理细节，都不会影响计算结果，他认为霍金的近似并没有忽略任何重要细节，而斯特恩豪尔的实验也证实了声学黑洞的近似是可行的。那么，这是否就意味着霍金辐射确实存在，并且信息也会随之消散？现在下结论可能还为时过早，大部分科学家仍然认为信息是不灭的。在他们看来，虽然声学黑洞中流体的近似是足够精细的，但时空可能并不能近似为平滑的，所以两个系统可能不能相互类比，正如德国慕尼黑大学的物理哲学家哈特曼（S. Hartmann）所说："问题的关键是，这种近似到底会有多大的关联性？"

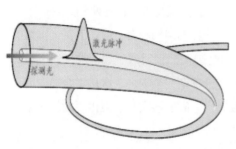

◎ 光纤实验系统的示意图

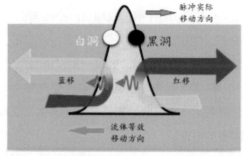

◎ 黑洞和白洞两侧激光频率的偏移

斯特恩豪尔的实验结果还受到了英国圣安德鲁斯大学（University of St Andrews）伦哈特（U. Leonhardt）的质疑，这里不作进一步介绍。伦哈特一直在主导另一模拟实验方案，实验对象是光纤和激光。该方案是在静止的光纤中导入一个极短的激光脉冲，这样的实验设置使得并不需要将光纤加速到光速，就能达到与流动介质一样的效果。2008 年，伦哈特团队第一次在实验中利用光纤演示了光学的事件视界。他们将钛宝石激光器产生的 70 飞秒激光脉冲导入光纤，由于克尔效应（Kerr effect），该脉冲会改变光纤折射率，这就使得随着激光脉冲的传播，其所到之处光纤折射率就会相应改变。在这样一个共动参考系下，尽管光纤实际上没有移动，但由于激光脉冲以光速在光纤中传播，整个系统变为一个以光速朝反方向快速移动的流体。随后紧跟着激光脉冲，在光纤中加入一个群速度稍大于激光脉冲且波长连续变化的激光，作为探测光。当探测光逐步逼近激光脉冲时，光纤折射率由于克尔效应发生变化，探测光的速度将被减速，直至与激光脉冲速度一样，好像"停"在脉冲前端，于是激光脉冲尾部就构造出一个白洞视界，任何物体都无法进入。相反，激光脉冲前端的探测光由于减速效应，形成黑洞视界。2019 年，伦哈特在光纤系统中还观察到探测光所激发的受激霍金辐射，即探测光扮演了真空量子涨落的角色。虽然，实验没观测到自发的霍金辐射，但已接近这一结果，因为早在 1916 年，爱因斯坦就指出自发辐射和受激辐射存在着密切的内在联系。不过，此次模拟实验的一些结果与霍金理论的预期结果并不相符，有待进一步论证。

随着黑洞模拟实验的快速发展，科学家逐渐认识到，霍金辐射可能比最初设想的更加普遍，可以发生在任何建立了事件视界的系统上，如在光纤中，或在超冷原子中，甚至在水流中。但是，实验结果还需要在理论和实验上进行更加深入的探索和研究。

昂鲁效应

1976 年，基于霍金的理论，昂鲁猜测：如果霍金的理论正确，那么一个处在极大加速度下的人将感受到一个类似于霍金辐射的热辐射。这个猜想被称为“昂鲁效应”。爱因斯坦等效原理指出，重力场与以适当加速度运动的参考系是等价的，这就导致霍金辐射和昂鲁效应完全等价。然而，昂鲁效应同样难以验证，因为一个人即使承受 1018 数量级的加速度，他也只能感受到 1 开的微弱辐射，而即便是喷气式飞机或者超跑的驾驶员，他所承受的加速度也只能达到 $10m/s^2$ 左右。研究这样的效应，传统的方式是不可能完成的，还需依靠量子模拟。

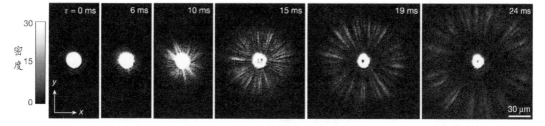

◎玻色烟花

2019 年，美国芝加哥大学金政团队利用碱金属铯原子的 BEC，成功模拟了昂鲁效应，并且观察到 2 微开的辐射，这一结果与昂鲁的猜测完全吻合，成功证实了辐射场的量子属性。这一重要量子模拟实验源于该团队发现的另一奇妙的量子现象——玻色烟花。2017 年，金政团队对囚禁在光学偶极阱中的铯原子 BEC 所处环境的磁场进行精细调制的过程中惊奇地发现了一个神奇的现象：团队在对铯原子 BEC 进行了十几毫秒的调制作用后，一些铯原子突然聚群向各个方向喷射，就像烟花一样。这就是“玻色烟花”。在这样一个体系中，虽然铯原子 BEC 并没有运动，但是磁场的调制作用会产生一个类似将铯原子 BEC 推动到加速参考系中的效应，这就为模拟昂鲁效应提供了可能。金政团队对原子的热辐射分布进行统计，发现原子数涨落精确符合玻尔兹曼分布（Boltzmann distribution）。他们更进一步观察到物质波辐射在空间和时间上的相干性，这与昂鲁的猜测惊人一致。相干性是量子力学的特征之一，这直接反映出昂鲁效应源自量子力学效应，并可以进一步推广到霍金辐射。相关研究对研究弯曲时空的量子现象有着重要的启发意义，金政在接受采访时说道："现在有很多关于是否能够兼容爱因斯坦广义相对论和量子力学的讨论，有很多的提议、猜测甚至是悖论，我希望通过我们的实验可以帮助人类更好地理解量子力学是如何在弯曲时空中运行的。"

模拟宇宙的演化

宇宙大爆炸理论为人类认识宇宙的核心理论，它描述了宇宙的起源和演化进程。随着宇宙微波背景辐射的发现，这一模型得到学术界的广泛支持，成为宇宙学中最有影响力的一个学说。超冷原子的量子模拟也同样可以进行一些相关研究。

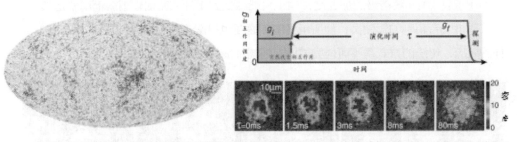

◎ 普朗克宇宙微波背景辐射探测器探测到的宇宙温度涨落（左）、实验时序（右上），以及 BEC 原子团在突然改变原子相互作用强度后，原子的密度涨落情况（右下）

我们所看到的宇宙是个极其复杂的系统，其结构的形成可以追溯到早期宇宙的量子涨落。随着宇宙的不断膨胀，量子涨落在宇宙流体中以声压波的形式传播，这一动力学过程表现为宇宙微波背景辐射的各向异性和星系的大尺度关联，声波的相互干涉使得宇宙微波背景辐射的角向密度谱呈现多峰结构，这一现象被称为"萨哈罗夫振荡"或者"声学振荡"。该理论最早由苏联原子物理学家萨哈罗夫（A. Sakharov）提出，可以提供包括密度、组成结构以及未来宇宙的演化等丰富的宇宙信息。需要注意的是，早期宇宙的演化仅依赖于流体力学和状态方程，而对微观细节并不敏感，这就为在实验室中模拟萨哈罗夫振荡提供了可能。在模拟实验中，宇宙流体中的引力作用和辐射压力可以通过超流体中的玻色子聚束和原子排斥性相互作用分别得到，膨胀后的引力不稳定性可以通过原子相互作用的突变来模拟。2012 年，金政团队在铯原子的 BEC 超流体构造的二维原子团中成功观察到原子密度谱的多峰结构，对萨哈罗夫振荡进行了模拟。该模拟实验首先构造一个扁平的原子超流体，随后通过费斯巴赫共振（Feshbach resonance）突然改变原子的相互作用强度，打破系统的平衡状态，紧接着通过原位成像监视原子在时间和空间尺度的密度涨落。在几毫秒的时间尺度内，可以看到原子团剧烈的密度涨落，这一现象正是相互作用突变产生的声波继而干涉的结果，可解释为"萨哈罗夫振荡"。

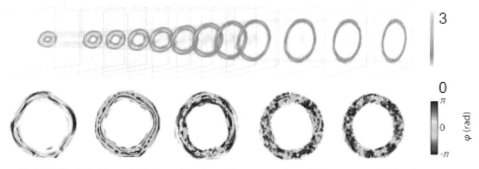

快速膨胀的环形玻色 - 爱因斯坦凝聚（上），以及 BEC 环停止膨胀后，整个环随时间变化形成很多旋涡（下）

　　快速膨胀的超冷原子系统也展现出类似宇宙膨胀过程的一些性质。美国马里兰大学团队将 ^{23}Na 的 BEC 囚禁在一个环形的势阱中，紧接着在 15 毫秒内，BEC 的半径扩大 4 倍，其扩张的速度达到超音速。通过对玻色 - 爱因斯坦凝聚体进行成像探测，更进一步对凝聚体参数（凝聚体密度、穿越凝聚体声子的频率和相位等）的时间演化进行分析，该团队演示了三个类似宇宙膨胀的特征效应。第一，观测到声子的红移现象，即声子波长变长。在 BEC 中传播的声波与宇宙中传播的光波遵循一样的方程。宇宙中光的红移现象，为宇宙膨胀学说提供第一个证据。第二，观测到在 BEC 的动力学过程中，存在类似哈珀摩擦的阻尼效应，哈珀摩擦会不断降低光波的振幅，常被用来描绘膨胀宇宙的一些性质。第三，团队观察到 BEC 膨胀结束后，整个环上会形成很多旋涡，旋涡进一步耗散会形成围绕环传播的声波，这样一个复杂的能量转移过程与早期宇宙的"预热"过程非常相似，宇宙中的各种粒子正是在这一过程中形成。团队期望在未来进一步对 BEC 环膨胀中的复杂能量转移过程进行研究，以寻求更多与宇宙的相似之处。

模拟规范场

2020年，中国科学技术大学潘建伟、苑震生等人在超冷原子体系中，利用规模化的量子调控手段，实现了对阿贝尔晶格规范理论（Lattice gauge theory）的模拟实验研究，并且实验上观测到了局域规范不变性。规范不变性是粒子物理标准模型建立的基础，而标准模型是人类最为基本也最为成功的理论，其统一了四种基本相互作用中的三个，并且得到了大量的实验验证。这一重要实验进展将可以进一步延伸到非阿贝尔规范场的研究，并进一步拓展到一些有趣的高能物理现象的研究，比如希格斯机制。在这一量子模拟实验中，一个很重要且应用广泛的技术是光学晶格技术。简单来讲，这一技术就是利用相互重叠的激光所产生的干涉效应，将原子囚禁在激光干涉加强的区域，原子就会像被放在鸡蛋盒中的鸡蛋一样一个一个分离开来，从而降低了原子之间的相互作用，这对于原子钟的精确计时具有重要的意义。同时，这样的晶格结构对于研究凝聚态物理中的一些重要量子效应和结构也极其重要，比如，近几年来的一个研究热点——自旋轨道耦合。

晶格规范场的模拟实验研究还有望推动另一重要领域的研究。为解决量子力学和广义相对论不相容的难题，科学家提出两套理论，一是弦理论，二是圈量子引力理论。但是一直以来，这两套理论都没有得到验证。为解决黑洞的信息悖论，弦理论中诞生了一个不为人所熟知的理论——全息原理，它认为整个空间的性质可以编码到其边界上，所见的宇宙其实是真实宇宙的投影，这就使得量子引力的 $d+1$ 维时空可以等价于 d 维非引力的量子多体系统的边界。这里的一个具体例子就是规范引力对偶。全息原理是第二次超弦革命带来的，弦论科学家为量子引力建立了非常漂亮的框架，表明超弦理论（superstring theory）或者说 M 理论（M-theory）在本质上等价于规范场理论。所以，如果全息原理是正确的，那么科学家就可以利用囚禁在光晶格中，由超冷费米气体构造的非引力系统来创造一个等价的量子黑洞。这里的"等价"意味着，量子引力系统和非引力系统在原理上是无法区分的。因此，如果在实验上实现了对规范场论的模拟，那就意味着在实验上实现了量子引力系统。

量子模拟正在通过桌面级的实验方案，帮助人类"再现"宇宙中的神奇效应，这是我们探究宇宙奥秘的新方法、新思路，将极大地拓展人类科学研究的边界。但是，我们也需要清醒地认识到，宇宙系统是极其复杂的系统，量子模拟实验并不能完全重建宇宙，只能针对理论上预言的某些宇宙属性进行模拟。尽管如此，这类实验研究对精确了解宇宙奥秘至关重要，因为以目前的科技来说，这是探索、趋近宇宙终极奥秘的有效手段。类似的实验还有很多，除宇宙理论外，模拟领域还可包括凝聚态物理、量子化学、高能物理等，模拟材料也不仅局限于超冷原子系统，还可以是离子阱、超导线路、半导体量子点等。未来，随着量子调控技术特别是量子计算机的进一步发展，量子模拟还将在更多的领域发挥更多更大的作用，推动人类科学技术发展。